食用菌生产技术研究与应用系列

杏鲍菇实用生产技术

丛书主编　张志军

编著　訾惠君　周永斌　陈　龙

天津出版传媒集团

天津科技翻译出版有限公司

图书在版编目(CIP)数据

杏鲍菇实用生产技术 / 訾惠君，周永斌，陈龙编著
. — 天津：天津科技翻译出版有限公司，2023.9
（食用菌生产技术研究与应用系列 / 张志军主编）
ISBN 978-7-5433-4365-8

Ⅰ. ①杏… Ⅱ. ①訾… ②周… ③陈… Ⅲ. ①食用菌
—蔬菜园艺 Ⅳ. ①S646.1

中国国家版本馆 CIP 数据核字 (2023) 第 096461 号

杏鲍菇实用生产技术
XINGBAOGU SHIYONG SHENGCHAN JISHU

出　　版：天津科技翻译出版有限公司
出 版 人：刘子媛
地　　址：天津市南开区白堤路 244 号
邮政编码：300192
电　　话：022-87894896
传　　真：022-87893237
网　　址：www. tsttpc. com
印　　刷：天津新华印务有限公司
发　　行：全国新华书店
版本记录：880mm×1230mm　32 开本　7.5 印张　4 页彩插　200 千字
2023 年 9 月第 1 版　2023 年 9 月第 1 次印刷
定价：39.80 元

丛书编委会

前言

杏鲍菇,学名刺芹侧耳,属大型食用真菌,其菌肉肥厚、脆嫩、鲜美,具有特殊的杏仁香味和鲍鱼般的口感,有“平菇王”“干贝菇”的美誉。杏鲍菇的子实体含有大量蛋白质、多糖、无机盐和多种维生素,可起到强身、滋补、增强免疫力的作用,是具有“天然、营养、保健”三种特征的珍稀食用菌。

杏鲍菇是近年来开发栽培成功的、集食用和食疗于一体的食用菌品种,可利用各种农作物秸秆、食品和林产品加工下脚料等作为栽培原料。生产技术容易掌握,可工厂化栽培,也可利用棚室、空地或与作物、蔬菜和果树套种。由于杏鲍菇适合保鲜、加工和多样性烹调,一直深受市场青睐,在国内发展速度较快。2021 年,我国杏鲍菇的产量为 205.18 万吨,居大宗食用菌的第六位,已成为我国食用菌生产的常规主栽品种和产业稳定的增长点。

经过多年的探索实践,杏鲍菇的生产形成了符合我国国情的技术体系和各类栽培模式。随着现代生物技术、设施农业、物联网等技术的进步,杏鲍菇生产也向着集约化、规模化、智能化的方向转变。因此,有必要对杏鲍菇的栽培技术进行系统的介绍和说明,为广大食用菌从业者提供规范性和可操作性参考。

本书共分为 9 章,较为全面地介绍了杏鲍菇生产过程中的实用技术,包括杏鲍菇概述、生物学特性、生产配套设施设备、消毒与灭菌、菌种制作、栽培袋制作、栽培管理、采收与加工、病虫害防治等方面。内容通俗易懂,科学实用,可操作性强,适合于从事食用菌种植的企业、合作社、菇农及农业技术推广人员使用,也可供农业院校相关专业的师生参考。

本书编写期间，得到了天津市农业科学院农产品保鲜与加工技术研究所、天津市食用菌技术工程中心，以及天津市食用菌协会的领导、专家与同仁的大力支持和帮助，同时查阅了食用菌同行相关的科技文献，在此一并致谢！

由于笔者水平所限，书中难免有错误和不当之处，恳请广大菇农朋友和专家学者及业界同行给予批评指正。

编　者

2023 年 6 月

目　录

第一章　杏鲍菇概述

一、杏鲍菇的分类与地位

杏鲍菇学名为刺芹侧耳（Pleurotus eryngii Quel.），又称雪茸，属于真菌门（Eumycota）、担子菌亚门（Basidiomycotina）、层菌纲（Hymenomycetes）、同隔担子菌亚纲（Holobasidiomycetidate）、伞菌目（Agaricales）、侧耳科（Pleurotaceae）、侧耳属（Pleurotus）的大型食用真菌。

二、杏鲍菇的分布与习性

野生杏鲍菇主要分布在意大利、西班牙、法国、德国、匈牙利和俄罗斯等国家，以及非洲北部、中亚等地区的高山、草原、沙漠地带，是典型的亚热带草原及干旱沙漠地区的野生大型肉质伞菌。在大自然中，于春末至夏初腐生兼寄生于大型伞形花科（Umbelliferae）植物，如刺芹属（Eryngiuml.）的田刺芹（Eryngium Campestre）、阔叶拉瑟草（Laserpitium）及阿魏（Ferula asafetida）等枯死植株的地下根茎及四周的土壤中，营腐生兼寄生生活，有很多生态型，各生态型的垂直分布和生活习性等都有所不同。据中科院青藏高原综合考察队（1996年）横断山真菌记载，我国四川（九寨沟、长海草地）、青海和新疆也有野生种分布，是一种极宝贵的种质资源。

三、杏鲍菇的食用与药用价值

杏鲍菇有杏仁的香味，口感似鲍鱼，在我国福建省和台湾地区称为“杏仁鲍鱼菇”，后简称为“杏鲍菇”，现成为国际上的通用中文名。

作为主要食用部分的菌柄乳白、粗长，菌肉肥厚、结实，质地脆嫩爽口，风味独特，有“平菇王”“干贝菇”“草原上的牛肝菌”等美誉。与平菇等食用菌相比，杏鲍菇开伞慢、孢子少、菌柄组织致密，能较长时间地保鲜贮存，适合干制和多样性烹调，深受消费者欢迎。

经检测，杏鲍菇含有大量的蛋白质、糖类、无机盐和多种维生素，主要营养成分齐全。各营养素之间的配比相对合理，其中蛋白质1.3%，脂肪0.1%，不溶性膳食纤维2.1%，碳水化合物2.1%，粗多糖2.1%，每百克含维生素C 42.8 mg、烟酸3.68 mg，还含有钙、铁、锌、磷、硒等多种微量元素。杏鲍菇含有18种氨基酸，其中8种是人体所必需，占氨基酸总量的42%以上，符合世界卫生组织（WHO）提出的蛋白模式，即氨基酸总量应达到40%左右的要求，是具有“天然、营养、保健”3种特征的18种珍稀食用菌之一。

杏鲍菇中甲硫氨酸的含量高。甲硫氨酸是半胱氨酸、牛磺酸、软磷脂、磷脂酰胆碱等生理活性物质的前体，在机体氧化平衡中起重要作用，一旦缺乏会导致肝损伤。在常见的水果、蔬菜和豆类等植物性蛋白中，甲硫氨酸含量都比较低。因此，将杏鲍菇与日常膳食搭配，有利于人体氨基酸的平衡供给。

杏鲍菇的多糖含量高达4.9%。多糖具有较高的药理活性，能提高人体免疫力，可以促进动物的非特异性免疫和特异性免疫。具有抗病毒、防癌抗癌、降血压、降血脂、润肠胃、抗氧化等多种保健功效，对小鼠具有明显的抗氧化作用，对肝脏、骨骼肌均具有明显抗损伤作用。同时，杏鲍菇含有大量的寡糖，是灰树花的15倍、金针菇的3.5倍，其与胃肠中的双歧杆菌一起作用，有很好的促消化、吸收功能。而且杏鲍菇的脂肪和总糖、还原糖含量低，适合糖尿病、心血管疾病、肥胖症患者和老年人食用，是一类很有开发前景的珍稀食（药）用菌。

中医认为，杏鲍菇有益气、杀菌和美容的作用，可促进人体对脂类物质的消化吸收和胆固醇的溶解，对肿瘤也有一定的预防和抑制作用。杏鲍菇含有一定量的磷、钾、铁等无机盐及维生素B_1，以及利尿、健脾胃、助消化的酶类，具有强身、滋补、增强免疫力的功能。

四、杏鲍菇人工栽培的现状

杏鲍菇的栽培试验最早开始于 1958 年，Kalmar 进行了首次栽培。随后，法国、意大利、印度等各国科学工作者都先后进行了人工栽培研究。Henda(1970)在印度北部的克什米尔高山上发现杏鲍菇，并首次用段木进行栽培；Vessey(1971)分离了杏鲍菇的菌株；1974 年在法国首次用孢子分离获得杏鲍菇的培养菌株；Cailleux (1974)用菌褶分离到杏鲍菇菌株，并在 12~16 ℃、275 勒克司光照条件下栽培成功；Ferri(1977)首先进行了商品性栽培，但仅有部分成功。20 世纪 90 年代初，意大利、泰国及我国台湾地区利用调温、调湿的自动化生产工艺进行了杏鲍菇的批量栽培试验。日本于 20 世纪 90 年代末期进行了杏鲍菇栽培试验，1998 年产量 1000 吨，至 2004 年年产量已达 2 万吨以上。韩国近年来也在大力发展杏鲍菇栽培，生产工艺基本上与日本相同。

我国的杏鲍菇栽培研究始于 1993 年。由福建省三明真菌研究所首次从台湾地区引进原产自欧洲的杏鲍菇菌株，之后又收集和分离了 10 个来自世界各地的杏鲍菇菌株，并对杏鲍菇菌株的选育、生物学特性和栽培技术进行了系统的研究，之后大规模栽培取得了成功，杏鲍菇的自然季节栽培技术推广至我国广大城市和农村。

2011 年后，杏鲍菇生产进入规模化扩张阶段，栽培方式也会根据产地的条件而差异化，周年化生产逐步形成。在短短的几年内，杏鲍菇生产遍布全国 31 个省市，已成为我国食用菌的主要栽培品种，中国也成为世界上杏鲍菇产量最多的国家。至 2019 年，我国杏鲍菇日产量达 203.45 万吨，是工厂化生产的食用菌中排名第二的商业栽培菇种，产品出口至美国、日本、俄罗斯等国及东南亚地区，成为各地农民脱贫致富奔小康的重要项目。

第二章　杏鲍菇的生物学特性

一、杏鲍菇的形态特征

杏鲍菇的子实体单生或群生，中等至稍大。菌盖直径为2~12 cm，幼时边缘内卷呈半球形，随着生长逐渐变扁平，但不上翘，边缘波浪状或有深裂。成熟后菌盖中央浅凹呈漏斗形、浅杯状或扇形，表面有丝样光泽，平滑、干燥。菌盖幼时灰色，成熟后为浅黄白色或浅灰色，中心周围常有放射状黑褐色细条纹。

菌柄偏心生、侧生至中生，直径为2.5~8 cm，长5~12 cm或更长；粗壮平滑，幼时近瓶状，成熟后多呈棒状至保龄球状，横断面圆形，无菌环或菌幕，光滑、近白色或浅黄色，菌柄中实，菌肉质地呈纤维状，韧性好，脆嫩细密。

菌褶着生在菌盖下面，向下延生，密集，幅略宽，边缘及两侧平滑，有小菌褶，不等长，宽2~3.5 mm，乳白色。孢子椭圆至近纺锤形，无色透明，表面平滑，孢子印白色（或浅黄至青灰色），大小为（8~12）μm×（5~7）μm，有内含物。

在试管斜面培养基上生长的杏鲍菇菌丝洁白、浓密、粗壮，边缘生长整齐，上下生长均一致，呈絮状或绒状，试管爬壁力强或中等。菌丝系统单一型，有锁状联合，很少有扭结原基形成。

二、生活史和子实体发育形式

杏鲍菇孢子在适宜的条件下萌发，形成单核初生菌丝，单核菌丝融合为双核菌丝，当菌丝发育到成熟阶段，双核菌丝扭结形成子实体，子实体再产生出新的孢子。整个生活史是从孢子→初生菌丝→

次生菌丝→菌丝扭结形成原基→幼菇期→生长期→成熟期→弹射孢子的过程。

子实体发育可分为4个阶段，即菌丝聚集期、原基形成期、组织分化期和子实体成熟期。菌丝聚集期的时间为8~12天，当杏鲍菇的菌丝达到生理成熟，此时菌丝细胞合成各种有机质并释放出淡黄色物质，这一现象在生产上称为“吐黄水”。受低温变温刺激时，菌丝开始聚集、扭结形成束状菌丝体。在原基形成期，束状菌丝体进一步扭结，黄色物质消失，出现小白点，逐渐形成白色菌丝团块，时间为2~4天。组织分化期的原基大量形成，随着菌丝团块不断增大，开始分化出丛状子实体原基，形成具有菌盖、菌柄等器官的保龄球状或棒状的幼菇，时间为4~7天。子实体成熟期的幼菇不断增大，菌柄不断增粗、增大，长成肥壮的圆柱形。菌盖不断扩展，由初期边缘内卷的圆形或近圆形，不断加大，边缘逐渐展开，菌褶逐渐变黄，孢子开始散落，发育为成熟的子实体，时间为3~5天。

三、生长发育所需的外界条件

不同菌类对环境要求不同，即使同一品种在不同生长发育阶段对环境条件的要求也有所不同。影响杏鲍菇发育的环境因素有物理因素、化学因素和生物因素。具体包括营养、温度、水分、光照、空气、酸碱度六大因素。

（一）营养

杏鲍菇属于木腐菌，兼寄生能力弱，生长发育需要丰富的碳源和氮源，菌丝分解纤维素、木质素和蛋白质的能力很强，同时吸收有机体的无机盐、维生素等，构成较全面的营养物质基础。经过人工驯化后的野生菌株，对栽培原料适应范围广，可以利用多种农作物秸秆和生产后的下脚料，添加一定量的有机氮、无机盐等辅料，就能生长良好。

1. 碳源

碳源是杏鲍菇最重要的营养来源,构成菌丝细胞结构物质和供给子实体生长繁殖所需要的能量及其代谢调节物质,占食用菌干重的 50%,其中 20%用于合成细胞物质, 80%用于维持生命活动所需要的能量。一般来说,杏鲍菇能利用蔗糖、葡萄糖、淀粉,以及纤维素、半纤维素、果胶质等作为碳源。最佳碳源为麦芽糖,然后依次为蔗糖、乳糖、甘露醇、果糖和葡萄糖。杏鲍菇分解纤维素、木质素的能力较强,人工栽培可以使用棉籽壳、木屑、玉米芯、甘蔗渣、棉花秆、豆秸、野草粉等作为主料。

2. 氮源

氮源是构成杏鲍菇细胞内蛋白质、核酸及酶类的主要营养元素,也是生命的主要元素。杏鲍菇菌丝能利用麸皮、米糠、豆饼粉、豆秸粉、酵母浸膏、蛋白胨或麦芽汁等有机质氮源。最好的氮源为蛋白胨,其次为酵母膏。菌丝也能利用无机氮源,这在菇类中是不太常见的。菌丝能直接吸收氨基酸、尿素、铵盐等小分子化合物,而麦麸、米糠、豆饼等含大分子蛋白质,则需要通过蛋白酶将其水解成氨基酸或氨后才能被吸收。氮含量越丰富,菌丝的生长速度越快,且粗壮洁白,产量也越高。通常是有机氮源优于无机氮源。杏鲍菇生长最适宜培养料的碳氮比例为(40~70):1。

3. 矿物质元素和维生素类

磷、镁、钙、钾、硫等矿物质是细胞和酶的重要组成成分,对维持酶的作用、能量的转移、控制原生质的胶体状态和调节细胞的渗透压等过程有重要的生理效应。此外,微量的锌、铁、锰、铜、钼、钴、硼等可促进杏鲍菇菌丝的生长。在人工栽培杏鲍菇的过程中,培养基配制时可适量加入一定量的钙、镁、磷等元素,其他微量元素在水和各种培养料中均自然存在,一般情况下不需要添加。配制合成培养基或半合成培养基时,常加入磷酸氢二钾、碳酸钙和硫酸钙,除提供矿物质营养外，还对培养基的酸碱度起平衡作用。

维生素是杏鲍菇细胞内各种酶的活性基本成分，主要为水溶性维生素，包括硫胺素、核黄素、盐酸、叶酸、生物素、肌醇、氨基苯甲酸等。如果缺乏维生素，细胞的生命活动会受到影响。由于菌丝体对维生素类需要量微小，一般在马铃薯、麦麸、米糠、麦芽和酵母等天然培养基中所含的生长素（如维生素 B_1、维生素 B_2 等）基本可以满足菌丝需要，正常情况下可不必添加。

（二）温度

杏鲍菇属于偏中低温条件下变温结实性真菌。自然条件下，野生杏鲍菇出菇时的温度仅为 0~15 ℃。在人工栽培条件下，菌丝生长的温度范围为 6~36 ℃，适温为 20~28 ℃，最适宜温度为 25 ℃左右；低于 20 ℃ 时菌丝生长缓慢，易染杂菌；高于 30 ℃则生长不良；4 ℃以下和 36 ℃以上停止生长。

原基形成温度为 10~18 ℃，适温 12~15 ℃（7 天即可出现原基），低于 12 ℃原基分化慢，低于 8 ℃或高于 20 ℃原基不会形成，已经形成的原基也会死亡。

温度是决定杏鲍菇生长发育的最重要因子，也是决定产量高低的关键。温度可以影响杏鲍菇的孢子萌发、菌丝生长及子实体的分化和生长发育各个环节。在适宜的温度条件下，菌丝体内酶活性高，新陈代谢旺盛，生长快。

1. 水分

水分不仅是细胞的组成成分、营养物质的重要溶剂，而且是维持生命活动的基础。杏鲍菇孢子在水中或在刺芹、拉瑟草等较适宜的培养材料浸出液中，在 22~26 ℃的适温下即可大量萌发。在高温和高湿条件下，孢子在较短时间内便失去萌发能力；在低温、干燥条件下，如 0 ℃的低温下，孢子不含水分，便可在较长时间内保持萌发能力。

由于杏鲍菇生于干旱沙漠地区，所以比较耐旱，其生长的水分主要来源于培养基质、空气湿度及人工补充水分。因此，培养基含水量一般控制在60%~65%。在培养基质含水量适宜的条件下，空气相对湿度偏低，菌丝生长偏慢，但杂菌等污染率也较低，正品率会增加；空气相对湿度偏高时，菌丝生长快，但容易发生杂菌污染和虫害。在菌丝生长前期，空气相对湿度保持在60%即可，后期提高至65%~70%。这样既有利于杏鲍菇菌丝生长，又可减少杂菌污染和虫害。

2. 光照

杏鲍菇菌丝对光照不敏感，生长阶段不需要光线。在黑暗的条件下，菌丝的生长速度比光照条件下的生长速度更快。强光对于菌丝生长是不利的，不仅菌丝的生长受抑制，而且明亮的光照容易招引各种带病原菌的媒介昆虫及害虫。

子实体的分化生长发育阶段则需要中等强度的弱散射光刺激，否则菌丝生理成熟后难以形成子实体。不同的光照强度对杏鲍菇子实体的生长有不同的影响。较适宜的光照强度为500~1000勒克斯，产出的菌柄短而粗壮，菌肉肥厚结实，质地优良。光照过强会使菌盖变黑；光照过弱（50~100勒克斯），子实体能正常形成与发育，但变白、菌柄变长。直射光则完全不利于子实体形成，也会导致色泽异常。

3. 空气

杏鲍菇属好气性真菌，在菌丝生长和子实体发育期间都需要新鲜的空气。氧气和二氧化碳是菌丝营养生长阶段重要的环境因素。在发菌期间，菌丝需氧量较少，栽培袋（瓶）中积累的二氧化碳浓度由0.03%逐渐升至0.22%~0.28%，能明显地刺激菌丝生长。当培养袋内的二氧化碳浓度过高时，对菌丝的生长则有阻滞作用。

原基形成和子实体分化阶段代谢旺盛，需要新鲜的空气才能促进菇蕾大量发生，并快速生长。原基形成期需要充足的氧气，环境中的二氧化碳含量应控制在0.1%以下（50~1000 mg/kg）。

子实体生育期二氧化碳浓度应在0.2%以下，以<2000 mg/kg为宜。若子实体发育前期缺氧，会导致原基难以分化，分化延迟；菇蕾期缺氧，则容易发生畸形菇蕾，菌盖变小，菌柄变长，菌盖难以分化；若生育后期缺氧严重，容易发生菌盖腐烂等问题。环境中的二氧化碳浓度在0.08%以下可得到形态正常的子实体。

4. 酸碱度

野生杏鲍菇生长的土壤条件属于微碱性，pH值约为7.8。人工栽培杏鲍菇菌丝生长的pH值范围为4~8，最适宜pH值为6.5~7.5。当pH值在4以下时，菌丝生长受到抑制；pH值在8以上时，出菇有困难。

四、杏鲍菇常见栽培菌株类型

国内外的杏鲍菇菌株根据子实体的形态特征，可分为5种类型：保龄球形、棍棒形、鼓槌形、短柄形和菌盖灰黑色形。其中，保龄球形和棍棒形在国内栽培较为广泛。

保龄球形菌株：菌柄较粗，长8~12 cm，中部膨大，两端较细，形似保龄球瓶。菌柄白色，菌盖黄褐色至灰色。朵形较大，组织疏松，口感较差，产品保存期较短，以内销为主。在适温下栽培产量高，如遇18 ℃以上高温及通风不良的环境极易受细菌感染。这种菌株不适合用于工业化栽培。

棍棒形菌株：原产于地中海沿岸。菌柄棍棒状，上下粗度均匀，不粗壮，无膨大现象，直径一般在2~3 cm，雪白，组织致密，口感极佳似鲍鱼，质地脆嫩，具有杏仁味。菌盖浅灰色，形态圆正。适应温度范围狭窄，为10~16 ℃，气温高于18 ℃时容易感染假单孢杆菌，导致栽培失败，低于10 ℃时不会出菇，已长出的子实体还会萎缩。棍棒形菌株出菇慢、产量低、易保存，适合出口，价格较高。

人工培育的棍棒形新菌株,适宜温度为8~18 ℃,在8~15 ℃下催蕾,菌柄棍棒形,均匀、粗壮、个儿大、柄白且长,无膨大现象,外形美观。但气温在16~18 ℃催蕾时,菌柄基部膨大,之后逐渐变细长。子实体的菌盖肉厚,不易开伞,浅棕色至灰色;组织致密,口感好,易保存。新菌株的抗病能力和对气温适应能力强,易栽培,产量高,深受市场欢迎,也适合出口。

鼓槌形菌株:原产于地中海沿岸。菌盖浅棕色至灰色。菌柄白色,基部膨大,上端渐细,形似鼓槌,朵形大,组织疏松海绵质,脆度差,口感欠佳;菇脚易发黄。适宜温度为8~16 ℃,适应温度能力强,栽培简单粗放,产量高,适合运输。在温度升高或通风不良时,极易感染假单孢杆菌,不适合工业化生产,产品以内销和加工为主。

短柄形菌株:菌柄较短。长4~6 cm,菌柄近基部膨大,白色,肉质较疏松,菌盖灰黑色或浅灰黑色。出菇温度范围广,较耐高温,但子实体商品形状较差。

菌盖灰黑色形菌株:菌柄白色,长7~13 cm,粗壮,近基部膨大,肉质较紧实,菌盖灰黑色。

第三章 杏鲍菇生产配套设施设备

一、生产场所的选择及设计要求

杏鲍菇的生产有多个工艺环节，这就需要有相应的、能执行其特定职能的场地来保证各工艺环节的工作任务顺利完成。按照杏鲍菇栽培的工艺流程来安排生产线的定向，以免引起生产上的混乱。

(一)杏鲍菇栽培场所的选择

菇场应选取地势高、开阔、通风好、有清洁的水源和电力供应的地点，周边环境应符合农业行业标准 NY 5358-2007《无公害食品/食用菌产地环境条件》的要求，远离畜禽饲养场、粉尘量大的工厂等污染源，间隔距离不少于 300 m。

(二)建筑要求

根据杏鲍菇的生产程序，菇场应包括制种、栽培、加工(保鲜)和办公生活等几大功能区。生产区要有制种设施、菌种培养室和贮存室、栽培袋(瓶)培养室(发菌室)、栽培设施、保鲜加工设施等。菌种制作培养和保鲜加工设施最好采用砖石或钢筋水泥结构，室内外地面及周围水沟等用水泥铺设，便于清洗、消毒和灭菌。各个房室要能够密闭、隔热，并安装控温、控湿、控光、通风等设备。培养室和出菇设施除可采用砖混、保温板建造的房屋外，还可选用塑料大棚、小拱棚等简易设施，甚至直接露地栽培。

(三)规划布局原则

生产区包括原料库、拌料室、灭菌室、冷却室、接种室和培养室等，既要按顺序相连接配套，又要保证出菇室与培养室有一定的距离。各道工序有效衔接，形成流水作业线，既可节约劳力和时间，又可减少害虫和杂菌污染。场地条件不充分的单位可将配料室与灭菌室合为一室，将冷却室和接种室合为一室。灭菌室、冷却室、接种室和培养室要与原料库、出菇区、废料场和生活区等带菌区域拉开距离。

1. 原料库

原料分为主料和辅料等，用量大的主料如棉籽壳、木屑、秸秆等，既可放在室内，也可在室外搭棚或覆膜存放，要求地势高，通风良好，干燥，远离火源。麦粒、麦麸、米糠等用量较少的辅料应放在防鼠性能好的室内。塑料袋、膜，以及常用机械、工具等，应分类存放于库房内。木屑可自然堆放于室外的水泥地面。

2. 拌料、装袋（瓶）区

根据生产规模，确定拌料场地的大小，并配备拌料、装袋（瓶）生产线，场地要求水泥地面平整、光滑，以便于拌料操作，并设电源、水源、洗涤池、排水道等。若在室外，应搭建天棚，防雨防晒，四周不需要墙壁，以利于通风。

3. 冷却室

灭菌后的栽培袋和菌种瓶的料内温度可达到 100 ℃。灭菌结束后，将灭过菌的料袋或菌种瓶放置在一个洁净、通风、防雨的场所冷却，待料袋降温后接种。冷却场地要求距离灭菌场地和接种场地较近，还要注意运送袋子的道路要平直，以减少运送袋子时的磕碰。

4. 接种室（无菌室）

接种室是菌种分离和接种的专门房间，分为内、外两间，外间为缓冲室。门采用推拉门，内外两间门应呈对角线安装。房顶、地面、墙壁要平整光滑、洁净、密封；接种室房间的密闭性能要求较高。窗户应有双层玻璃，有条件的可安装空气过滤器，进风口、出风口要有 6

层纱布的过滤封口。接种室内设工作台一个,工作台上方及缓冲室的中央均安装紫外线灭菌灯(波长 253 nm,30 W)及日光灯一盏。缓冲间内设置衣帽钩,放置消毒药剂和器具的小工作台。工作服及鞋子均存放于缓冲间内。

5. 培养室(发菌室)

培养室是用于杏鲍菇栽培袋(瓶)发菌培养的场所,要求宽敞、阴凉、通风、干燥、避光、低水位、密闭保温、恒温性能好,地面及四周地面光滑平整,便于清洗。培养室门边墙体下端应设置 30 cm × 30 cm 的进气口;门对面墙上角设进、排气口,均应可开闭或安装排风扇。制作菌种的培养室要有调控温度的设备。冬季加温设备应选用散热均匀、带自动控温功能的暖风机、电暖气等;不宜用电炉、煤炉、炭火等,既存在安全隐患,煤炉和炭火等还常引起培养室内二氧化碳浓度过高,造成室内缺氧,抑制菌丝生长。夏季气温较高,常用空调设备降温。

菌种培养室内还应设置培养架,培养架可以是竹木结构,也可以用角钢制作,床架的规格依照房间大小而定。在培养室中间摆放床架的宽度为 1.2~1.4 m,靠墙摆放的床架宽度为 70~90 cm 即可。架子的层数视房屋高度而定,一般为 5~6 层,每层相距 50~70 cm,底层距地面 30 cm,顶层距屋顶至少 1 m。一般床架每平方米面积可堆放约 50 个菌袋。

若杏鲍菇采取一场制栽培时,发菌室和出菇场(室)可在同一场所;采取二场制栽培时,发菌室和出菇场(室)分设于不同场所,但应尽量使两者相距不远,以方便生产。

6. 出菇室

出菇室是供杏鲍菇出菇及做出菇试验的场所,可选用菇房、菇棚等形式。因为栽培过程中子实体散发的孢子及发生的病虫害可能会影响菌种的纯度和质量,所以栽培场应尽量远离菌种生产区,并在其下风方向建造。此外，栽培场地还应设置废料及垃圾处理区。

(1)日光温室

日光温室是“节能日光温室”的简称，又称“暖棚”，采用较简易的设施，充分利用太阳能，具有良好的采光性和增温、保温性，而且节约能源，具有鲜明的中国特色。内蒙古、辽宁、北京、天津、山东、河南、河北、江苏、浙江、宁夏等省市地处平原，是日光温室的适宜发展区。

我国各地的日光温室结构不尽相同，分类方法也比较多。按墙体材料分类，主要有干打垒土温室、砖石结构温室、复合结构温室等。按后屋面长度分类，有长后坡温室和短后坡温室。按前屋面形式分类，有拱圆式、微拱式等。按材料分类，有竹木结构、钢木结构、钢筋混凝土结构、全钢结构、全钢筋混凝土结构、悬索结构、热镀锌钢管装配结构。

节能型日光温室的透光率一般为60%~80%，室内气温可保持在21~25 ℃。日光温室主要由围护墙体、后屋面和前屋面3部分组成，简称日光温室的“三要素”，其中，前屋面是温室的全部采光面，白天采光时段前屋面只覆盖塑料膜采光，当室外光照减弱时，及时用活动保温被覆盖塑料膜，以加强温室的保温。

(2)半地下菇棚

半地下菇棚是适用于北方较干燥寒冷地区的种菇设施，它既能保证食用菌的正常生长，又节约设施成本，并且便于管理，冬暖夏凉，通风良好，保温、保湿性能强。

建棚选择地势高、四周开阔的地方。菇棚应采用东西走向，长5~25 m、宽3.5 m，下挖1.2 m左右。用挖掘机挖生土筑墙体，整平棚内地面后用推土机把熟土推入棚内整平，然后埋立柱，建前后坡。菇棚南北墙对开通风孔，周边挖排水沟，以免夏季积水灌入棚内。

7. 保鲜冷库

栽培规模较大的单位可以建设保鲜库，用于贮存鲜菇等。冷库要求干燥、低温、通风、防虫、防鼠，最好建在栽培场附近，并要求运输方便。

8. 实验室

有条件的生产单位还可以建一间实验室，配置一定的仪器设备，进行分析、观察、检查、化验及调配药品等。实验室的位置应尽量设在整个生产场地的中部，以便与各道生产工序及时联系，也可作为鉴别菌种质量、观察菌种发育情况的作业室。

二、主要设备

（一）灭菌设备

1. 高压蒸汽灭菌锅（简称“高压锅”）

用于菌种和栽培袋（瓶）培养基的灭菌，分为手提式、立式、卧式等数种。

（1）手提式高压锅

其移动方便、容量较小，常用消毒桶容积 18~30 L，蒸汽压强在 0.103 MPa 时，蒸汽温度可达 121 ℃，最高控温可达 126 ℃。适用于母种试管培养基、三角瓶或平皿培养基、少量原种培养基及一些小型器具等的灭菌。

（2）立式高压锅

这类锅容量较大，一般容积为 30~200 L，最高控温可达 128 ℃。可用于菌种瓶及袋装培养基的灭菌，主要用于生产数量多的原种和栽培种等。

（3）卧式高压锅

其用于原种、栽培种和栽培袋生产，容量大、灭菌彻底。一般容量的灭菌锅每次可装200~1000个菌种瓶或料袋。大容量的高压灭菌锅也称为“灭菌柜”(长5 m以上),每次可装5000个以上的菌种瓶或料袋,可用于原种、栽培种培养基及栽培料袋(瓶)的灭菌,适合大规模生产。卧式高压锅安装有压力表、放气阀、进水管、排水管等装置,操作方便,热源利用油、气、生物质均可,最高控温达128 ℃以上。

2. 常压灭菌锅

在没有高压灭菌条件的地方通常用常压锅进行培养基的灭菌。每锅一次可灭菌1000~5000袋,主要是用来大量生产袋装的栽培种和熟料栽培袋。常压灭菌锅既省钱又实用,适合广大农村生产者使用。

常压灭菌锅一般由蒸汽发生系统、灭菌池(柜)、周转筐3部分组成。

(1)蒸汽发生器

随着国家环保政策的推广,利用清洁能源的蒸汽发生器基本替代了燃煤锅炉,具有绿色、节能、环保、高效性能的蒸汽发生器将会成为主流。按照燃料类型可以分为生物质蒸汽发生器、燃油燃气蒸汽发生器。

生物质蒸汽发生器,以生物质颗粒为燃料,采用半气化燃烧方式,通过鼓、引风进行配风,微负压燃烧状态,燃烧完全,热效率高,产汽量足,蒸汽品质高;锅炉配有除尘器,排放无烟、无尘。蒸汽发生器配备安全阀、水位控制保护器等多重保护装置,随时可以观察水位的变化,及时视情况补水;设备操作简便,降低了人员的劳动强度,无安全隐患。生物质燃料成本低,仅为天然气的30%,柴油、电的40%,且发热量大,不含硫磷,燃烧后的灰烬是优质有机钾肥,可回收利用。

燃油燃气蒸汽发生器,是通过柴油、天然气的燃烧产生热能,将水加热以产生过热的蒸汽,达到所要求的工作温度的加热设备。燃烧器内的燃油或燃气与空气充分混合燃烧利用率高，可快速加热产生蒸汽。新型蒸汽发生器采用自动控制运行和自动保护功能等先进技术，具有操作简便、安装迅速、污染少、噪声低、热效率高等特点。

（2）灭菌池（柜）

其可用砖、水泥，铁皮和塑料布等材料建造。砖混灭菌池，首先选一块地势平坦，约放 4 m×4 m 的土地，用砖、水泥建造灭菌池，池底摆放砖块或木板做垫脚，预留送汽管、冷凝水出口和温度表插孔。池底输出蒸汽的管道，应随机地开一些出气孔，靠近蒸汽发生器的一头密度稀一点，孔径小一些；远离蒸汽出口的那头，孔距密一点，孔径应大一些，以保证灭菌池中的蒸汽均匀一致。

灭菌筐或灭菌袋堆叠在池内，最多可码放 7 层，然后覆盖大棚塑料膜和篷布，用绳子交叉捆牢，膜四周用沙袋压实，即可通气灭菌。更为简便的方法是，在干净、平整的水泥地面上用砖和木板做垫脚，堆叠周转筐，搭起灭菌仓，其特点是实用、造价低、移动方便。料袋码放好后罩上薄膜，一次可灭菌料袋 6000~10 000 袋。

蒸汽灭菌柜，有条件的单位可选用铁皮焊制成大容量矩形箱体结构的灭菌柜。灭菌柜须配套平板车或带滚轮架子，周转筐或料袋可放置于架子或平板车上，推入灭菌锅。灭菌柜与蒸汽发生器连接，加热产生的蒸汽经管道输入灭菌柜，对栽培袋进行常压灭菌。灭菌结束，待料袋降至一定温度后即可拉出。

蒸汽灭菌柜的特点是升温快，灭菌彻底，安全便捷，但是造价稍高。每次可灭菌料袋 3000~5000 袋，少则 1000 袋均可，适用于大规模栽培。

（3）周转筐

其多为长方形或正方形，其尺寸与灭菌池（柜）的大小要相配合。一般筐的规格是长 48 cm，宽 36 cm，高 25 cm。通常采用适宜的扁铁（宽 1.2 cm，厚 2~3 mm）、钢筋等进行焊接而成。在焊接时要考虑其结构的牢固性，用扁铁侧向弯成方形或长方形做筐底，筐底为“目”字形，随后在其上面再焊上栅格条。特别需要注意的是，栅格条的间隙不可大于 9 cm，避免周转筐盛放菌种瓶时发生掉落。焊接成筐后，再用碎扁铁在上、下层四角焊上加强钢筋。筐内栽培袋应单袋竖直排放，每筐可装栽培袋 12 个。使用周转筐是为了减少培养料装袋、灭菌时的摩擦和破损，防止菌袋灭菌时因重叠而受挤压，导致菌袋变形，并且能保证菌袋受热均匀，达到彻底灭菌的目的。

3. 紫外线灯

这是一类有效范围较大的紫外线光源，可用于空气杀菌、空间消毒、表面杀菌、水杀菌、微生物杀灭等，是常用的杀菌工具。紫外线是一种短波光，波长范围为 136~390 nm，其中 200~300 nm 具有杀菌作用，260~280 nm 杀菌力较强，265 nm 杀菌力最强。紫外线消毒时间短、效果好，对人体无太大影响，是消毒方法的最佳选择。紫外线可损伤人的眼黏膜及视神经，因此，必须避免直接在紫外线灯下工作，也不能直视灯管。

4. 臭氧发生器

其主要用于接种室、接种箱、培养室、菇房（棚）等可密闭空间内的消毒。臭氧发生器是将 220 V 的电源变成高频率的脉冲高压，通过臭氧元件，把空气中的 O_2 电离成氧离子，氧离子结合产生具有强氧化作用的 O_3（臭氧），以气体形式释放到空间，能破坏微生物的细胞膜与核酸。O_3 也是一种暂态物质，常温下能自然分解还原成氧，其灭菌原理和紫外线消毒相似。臭氧净化器型号较多，消毒空间范围有大有小，可根据需要选购。

（二）接种设备

接种是食用菌生产中的重要环节，为达到防止杂菌污染的目的，要求接种时的小环境为无菌状态。接种时可根据生产条件和规模，选用适宜的接种室设备，既要能够密闭，便于消毒，又要操作方便。

1. 接种箱

接种箱又称无菌箱，是食用菌生产中满足无菌操作要求的专用设备，常采用木质结构，也有由有机玻璃或塑料制成的，可以密闭，便于熏蒸消毒，在箱内可进行无菌操作。接种箱一般高约 78 cm，宽 150 cm，长约 86 cm，规格有单人式或双人式。前后斜面为玻璃窗，便于操作时观察，并可开启，用于取放物品。玻璃窗下的箱体上开有两个操作孔（双人接种箱的正反面均开两个圆洞）。洞口装有 35~40 cm 长的袖套，袖套口装橡皮套，大小以套住手腕松紧适中为宜，双手通过袖套伸入箱内操作。由于接种箱的空间小、箱内空气容量少，接种时间过长会造成缺氧，导致火焰容易熄灭，而且箱内温度升高会伤害菌丝。因此，可在箱顶两侧开一个直径约 10 cm 的圆孔，并用数层纱布覆盖，以便于内外空气交换。接种箱应放在专用无菌接种室内，这是预防接种污染的有效途径之一。箱内安装 20 W 日光灯和 30 W 紫外线灯。接种箱大小以能放约 100 个菌种袋（瓶）为宜，过大操作不便，过小每次接种数量少，效率低。

接种箱要密闭，在放入经灭菌的培养基、接种工具和菌种、子实体后即可使用药物熏蒸灭菌，或把菌种和被接物一起，置于接种箱的紫外线灯下进行表面消毒。接种完毕后，清理箱内杂物，开启紫外线灯照射灭菌。接种箱制作简便，造价低廉，移动方便，易于消毒灭菌，适合广大专业户、个体户使用。大规模生产时，可使用多个接种箱同时接种。

2. 超净工作台

超净工作台是一种先进、可靠的局部净化空气装置，空气经过高效过滤净化、消毒，可使操作区域空间达到百级洁净度，保证生产对环境无尘、无菌的要求。其结构由箱体和操作区配电系统等组成。

超净工作台按其气流送出方向分为水平流与垂直流两种。超净工作台的优点包括操作简单，空气洁净度高，接种效果好，成品率高，接种数量不受无菌室空间的限制，有利于改善接种人员的工作条件，可持续作业提高工作效率，一般比接种箱提高3倍以上，适于大规模生产菌种。

为提高超净工作台的使用寿命和效果，操作时应注意以下事项。

（1）超净台应设置在洁净、明亮的室内，保持光滑、无尘。

（2）室内应保持干燥，空气相对湿度控制在60%以下，夏季、雨季应放置生石灰吸潮，以免高效过滤器在潮湿环境中滋生霉菌而失效。

（3）操作台（即出风口）上不要放置与接种无关的器具和物品，以免阻碍出风口的正常气流或产生涡流而带菌。

（4）使用前用新洁尔灭等消毒剂清洁操作台面，切忌向操作区直接喷雾。开机20分钟后进行操作。

（5）超净工作台在连续使用的情况下，每年定期更换空气过滤器。

3. 接种帐

其用塑料薄膜烙接热合而成，外形类似于蚊帐。它制作简易，成本低廉，接种量大，密封好，便于消毒和灭菌，而且移动方便，常用于原种、栽培种及栽培料袋（瓶）等的接种，成功率高，能在不同场所（如发菌室、大棚内等）使用，大小可根据自己的场地和每日接种数量而定。

接种帐可用塑料薄膜裁剪拼接，帐顶部设带过滤网的透气孔，在侧面开一蚊帐式的门，在接种帐的4个角各系一条绳子，将其悬挂在接种场地上方，下端薄膜用重物压封严密。也可用宽幅薄膜，在中部适当位置捆扎4个角，悬挂后即成。或以光滑的竹竿或木条等为骨架，外罩塑料薄膜，制成框架式的接种罩。接种帐规格一般为3 m（长）×3 m（宽）×2.5 m（高），在一端隔一个1 m宽的缓冲过道。每次可放入栽培袋约1000个。

使用时，将接种帐置于干净的水泥地面上。若为土地，应先在地面上铺上干净的编织布或较厚的塑料膜，以便于打扫和消毒。使用时，在罩内将菌种袋（瓶）堆叠在接种帐一侧，留出走道。将接种桌、接种工具、物品等放好，按常规熏蒸消毒后，过 30~60 分钟即可接种。每批接种结束，搬出菌种袋（瓶），打扫卫生，再进行下一批接种。

接种罩上的塑料薄膜出现裂缝时，要及时用胶布封严。为了提高效率，还可一次制作多个接种罩，以便轮换使用。

（三）培养设备

1. 恒温箱

其用于制作一级种和少量二级种的适温培养，一般采用电热恒温箱，对温度精确度要求高的也可以使用生化培养箱。

2. 培养室

培养室也称“发菌室”，是进行菌种及栽培袋培养的房间，各级菌种接种完毕后即移入培养室。

3. 液体菌种发酵罐

其是用于食用菌培养液体菌种的设备，是利用生物发酵原理，给菌丝生长提供一个最佳的营养、酸碱度、温度、供氧量环境，使菌丝快速生长，迅速扩繁，能在短时间内完成一个发酵周期，满足了杏鲍菇大规模生产的需要。发酵罐的规格有 50~10 000 L 不等，视生产规模选用。一般生产单位可采用小型液体菌种专用培养器，投资小，工艺简单。

4. 摇床

其是一种多用途生化器，通过振荡摇匀精密培养、制备生物样品，属于实验室生化仪器和适于小批量菌种生产的设备，分为往复式摇床和回旋振荡式摇床。往复式摇床的往复频率一般在 80~140 转/分，冲程一般为 5~14 cm。旋转式摇床的偏心矩一般在 3~6 cm，60~300

转/分，结构比较复杂，造价高，但氧气传递好，功率消耗低。

（四）常用机械设备

1. 拌料机

其主要用于食用菌培养料的搅拌。国内农机企业设计制造了各种型号的拌料机，有筒式搅拌机和槽式搅拌机，还有一种自走式拌料机，每小时可拌料 2 t。此外，还可利用装袋机来拌料，即将加水初混匀的培养料，倒入装袋机，通过旋转螺旋状轴的挤压作用将料拌匀。

2. 袋装机

其主要用于培养料装袋。装袋机有两种形式。一种是螺旋式装袋机，这种机器构造简单，易于操作，价格较低，每小时装袋 600~1000 袋，装袋高度、松紧度可任意调节，是广大菇农常用的机型；另一种是冲压式装袋机，分为单冲压式装袋机和双冲压式装袋机。杏鲍菇以棉籽壳、木屑、甘蔗渣和玉米芯等农业有机废弃物为培养料，特别适合使用双冲压式装袋机开展大规模制袋，袋内培养料均匀一致，克服了单冲压式机对原料适用较差的弊病，料袋的中心可选择打孔，配用多套口径不同的出料筒。适用于 17 cm × 37 cm 或 21 cm × 57 cm 等不同规格的折角塑料袋。每小时可装 800~1000 袋，如果配合全流水线，生产能力每小时达 1000~2000 袋，是杏鲍菇工业化生产的理想设备。

3. 拌料装袋（瓶）一体化自动生产线

该设备将送料、拌料、加水、布料、装袋（瓶）等环节形成连续的生产线，装袋（瓶）的标准一致，可以与灭菌、液体制种和接种等环节相连，生产效率高，适于标准化、规模化制作菌棒。

（五）其他用具

1. 接种工具

进行杏鲍菇一级种的分离时需要切割、挑取菌丝体组织块，常用接种刀、接种钩、接种针；孢子分离时涂布孢子悬液常用接种环；一级菌种和二级菌种转接常用接种铲、接种锄；三级菌种生产常用接种耙、接种匙和镊子。接种工具应选用不锈钢制品。

接种枪是专门用于袋（瓶）栽杏鲍菇及其他食用菌料袋（瓶）液体菌种的接种工具，配合液体菌种发酵罐等设备使用，接种量均匀，生产效率高，成功率高，是大规模生产的得力助手。

2. 检测设备

（1）显微镜

显微镜是精密的光学仪器，在菌种生产中常用于观察菌丝形态、细胞核、锁状联合、孢子及某些病害的鉴别等。

（2）测光仪

测光仪又叫照度计，是测定培养室或出菇试验棚光线强度的仪器。

（3）气体测定仪

气体测定仪是测定培养室、出菇大棚内及菌丝体生长过程中氧气与二氧化碳浓度的仪器。能快速测定出混合气体中的氧气、二氧化碳的百分比含量，检测数字屏幕显示，清晰直观。

（4）温湿度计

温湿度计是测试温度和湿度的仪器。常用的为普通棒式温度表及干湿球温度表两种。

棒式温度表是在玻璃棒内装入感温液体。感温液体有两种，一种为染红色的酒精，另一种为水银。水银具有比热小、导热快、沸点高、蒸汽压小、内聚力大、与玻璃不发生浸润作用等优点，所以灵敏和精密度较高。但水银冰点高，不能测定-36 ℃以下低温，可根据实际情况选择。在生产中，棒式温度表主要用于观测料袋及常压灭菌锅中的温度。观测温度时，要使眼睛的视线与温度表的液面柱顶端保持垂直而水平，先读小数，后读整数。

湿度计是测定生产环境中空气相对湿度的仪器,主要有干湿球湿度计、毛发湿度计和电子式湿度传感器等。观察空气相对湿度时,将湿度表挂在室内空气流通处。

干湿球湿度计的维护相当简单,在实际使用中,只需定期给湿球加水及更换湿球纱布。毛发湿度计根据毛发和某些合成纤维的长度随周围气体相对湿度而变化的原理制成。这种湿度计结构简单,应用很广。电子式湿度传感器主要由湿敏电容和转换电路两部分组成。湿敏材料的介电常数会随着环境相对湿度的变化而变化。传感器的转换电路把湿敏电容变化量转换成电压变化量,变化的幅度用以表示周围气体的相对湿度。

干湿球湿度计和毛发湿度计适合在高温及恶劣环境的场合使用,不会产生老化、精度下降等问题。电子式湿度传感器采用半导体技术,因此对使用的环境温度有要求,超过其规定的使用温度,将对传感器造成损坏,长期稳定性和使用寿命不如干湿球湿度传感器,更适合在洁净及常温的场合使用。

(5)pH 值计和 pH 值试纸测量通常有比色法(pH 值试纸)和电极法两种。pH 值试纸是用来测定培养料配制时的酸碱度,有精密试纸与广谱试纸两种。食用菌一般使用广谱试纸测试 pH 值。测试时取一小段试纸,抓一把拌好的培养料,将试纸插入料中 1 分钟后取出,与标准色板比较,即可读取 pH 值。pH 值计是一种常见的分析仪器,广泛应用在农业、环保和工业等领域,是利用原电池工作原理来测定溶液酸碱度值的仪器,测量精度高。

3. 基本用具

(1)玻璃试管

其用于制作母种,常用规格有 18 mm × 180 mm, 20 mm × 200 mm 及 25 mm × 200 mm(口径 × 长度)等,一般宜选用 18 mm × 180 mm 试管。试管太小,培养空间小,操作不便;太大气生菌丝多,延长培养时间，不但浪费了培养基，而且菌丝菌龄差异大。

（2）菌种瓶

其是生产原种的专用容器，适合菌丝生长，也便于观察。菌种瓶一般采用容量750 mL，口径3~4.5 cm的玻璃瓶或广口罐头瓶。玻璃瓶要求无色透明或近无色，便于观察菌丝生长和是否有病虫害。也可采用塑料瓶，要求耐126 ℃高温、白色半透明、符合GB 9688-88《食品包装用聚丙烯成型品卫生标准》的塑料材料，瓶口径为58 mm，生产规格750~1100 mL。菌种瓶的特点是瓶口大小适宜，利于通气又不易污染。制作原种时，可以使用漏斗装料提高生产效率，同时瓶口不会附着培养基，有利于减少污染。瓶塞要求使用梳棉，不使用脱脂棉；也可以使用能满足滤菌和透气要求的无棉塑料盖代替棉塞，既可以阻碍微生物的入侵，又有利于菌丝生长。

（3）菌种袋

栽培种多采用塑料薄膜菌种袋，材质为聚丙烯（PP）和低压聚乙烯（HDPE）。聚丙烯透明度强，能耐150 ℃高压灭菌，但质地较脆；低压聚乙烯有韧性，透明度低，耐高温，适宜作为栽培种和出菇试验栽培袋，但限于常压灭菌。大规模生产栽培种，多采用低压聚乙烯菌种袋，规格为袋径折幅宽（14~18）cm×（28~45）cm，厚度为0.04~0.06 mm；其原料要求符合国家规定的卫生标准。

（4）套环

其用于菌种袋装料后套口封盖。套环为聚丙烯材质，耐135 ℃高温，口径为3~4.5 cm。套环口最好配套无棉盖体，别名双套环，由海绵盖代替棉花塞，防潮透气，可以多次使用。

（5）培养皿

其用于菌种分离纯化、观测菌丝体性状、检测环境杂菌情况等。一般由口径90 mm，玻璃或塑料制成。

（6）三角瓶

其盛放培养基、无菌水等液体，用于液体菌种培养，常用的规格为 250 mL、500 mL、1000 mL 3 种，由玻璃制成。

（7）漏斗

其用于过滤或分装母种培养基和液体培养基，规格一般为 50 mL、100 mL、1000 mL，最好是玻璃质地。

（8）酒精灯

其用于接种工具的灭菌消毒，以及无菌操作过程中火焰形成小范围的无菌区。

（9）量杯或量筒

其为玻璃或塑料材质，在配制培养基时，用于计量液体的体积，常用规格为 50 mL、100 mL、500 mL、1000 mL。

（10）电磁炉及不锈钢锅

其用于加热溶解琼脂，配制 PDA 培养基。

（11）电子天平和台秤

其用于称量各种试验品和培养料。

（12）电冰箱或冷藏箱

其调控在 4~6 ℃的贮藏温度，用于中、低温菌类的母种、原种贮藏。

（13）移液器

其用于精确定量转移液体。常用规格有 100~1000 μL、1000~5000 μL、10 mL 等。

（14）棉花

其用于制作试管、菌种瓶棉塞。脱脂棉花用于制作酒精棉球，原种和栽培种可选用低档次棉花制成棉塞，成本低些。

其他物品如解剖刀、镊子、剪刀、止水夹、胶布、记号笔、打火机、记录本等也是菌种生产必备的。

第四章　消毒与灭菌

消毒一般采用物理或化学方法，消灭传播媒介上的有害病原微生物，达到无害化，因为这一措施并不可能消灭所有的微生物，所以又叫部分灭菌。灭菌则是杀灭或清除环境中所有微生物以及芽孢，达到完全无菌状态。在杏鲍菇菌种的制备、接种和栽培过程中，灭菌与消毒是生产中的两个关键环节。

一、物理灭菌方法

（一）辐射灭菌法

1. 利用日光中的紫外线或紫外线灯照射杀死微生物

这是杏鲍菇生产中常用的辐射灭菌法的一种。其机制是微生物细胞吸收一定量的短波紫外线后，可导致细胞内核酸、原浆蛋白和酶发生光变化而使细胞死亡；而且紫外线灯辐射能把空气中的一部分氧（O_2）氧化成臭氧（O_3），或将水（H_2O）氧化成过氧化氢（H_2O_2），臭氧及过氧化氢均有杀菌作用。紫外线的波长范围为 100~400 nm，其中波长为 200~300 nm 的紫外线具有杀菌作用，并且 265~266 nm 的杀菌力最强。

由于紫外线穿透力弱和不能穿透普通玻璃、角落及台底等部位，杀菌效果并不理想。一般常用于接种箱（室）、菌种培养室空气及用具器材等物体表面消毒。无菌室中常用 3%~5%的苯酚（石碳酸）喷雾杀菌，然后再用紫外线灯照射杀菌。

每次接种前将各种器具移入室内，用紫外线灯照射消毒。一般 10 m^3 的空间，安装 30 W 的紫外线灯一个，有效作用距离为 1.5~2 m，以1.2 m以内为最佳。照射30~40分钟即可，如果连续照射2小时，可杀死空气中95%的微生物。紫外线对杀灭细菌较可靠，杀灭霉菌可靠性较差。关闭紫外线灯后，不要马上开启日光灯，如果是白天作业，最好将灭菌场所遮光30分钟，以免产生光复活作用，降低灭菌效果。

紫外线会损伤人的眼角膜、视网膜及视神经，可引起电光性眼炎，因此，应避免在紫外线照射下工作，更不能用眼直视灯管。

2. 臭氧发生器消毒

臭氧是一种广谱杀菌剂，可杀死细菌的繁殖体和芽孢、病毒及真菌等，具有杀菌速度快、灭菌率高、无死角、无残留等特点。空气中少量的臭氧有益于人体健康，但浓度过大会刺激人的呼吸及神经系统，对菌种也不利。因此，臭氧灭菌后要间隔15~60分钟的自然分解时间再进行接种。采用臭氧净化器，无需任何消毒药剂，接种工效可比常规提高3~5倍，接种成功率可达96%以上。它在空气相对湿度＞60%的条件下使用效果较好，湿度越大，其杀菌作用越强。若室内湿度过低，可在地面上洒水或室内喷水来提高湿度，以达到更好的杀菌效果。臭氧发生器可广泛应用在食用菌冷却室、接种室（接种箱/接种棚）、栽培室（发菌室/出菇房）、冷库、深加工车间等。

（二）热力灭菌法

根据灭菌方式不同，分为干热灭菌法和湿热灭菌法两种，其基本原理是利用高温杀灭微生物体的活体。

1. 干热灭菌法

（1）灼烧灭菌

把要灭菌的物品直接放在火焰上方灼烧，具体应用在无菌接种操作中。需要采用这种方法灭菌的物品主要有接种用的接种铲、接种针、接种刀、镊子等，均须经酒精灯火焰灼烧灭菌，试管母种的试管管口和原种玻璃瓶的瓶口均须直接用火焰封口，以达到对瓶口空气灭菌的目的。

（2）干热灭菌

对培养皿、搪瓷盘等可利用电热鼓风干燥箱进行干热灭菌，其具体操作是将上述物品用报纸包好后放入干燥箱，关闭箱门设定140 ℃，经过3小时即可达到灭菌目的。注意采用干热灭菌法时，最高温度不要超过170 ℃，未完全冷却前，不要打开干燥箱门，以免包裹物品的纸张或棉布等在有氧条件下燃烧或烤焦。

2. 湿热灭菌法

（1）高压蒸汽灭菌

利用高压蒸汽灭菌锅产生蒸汽，在容器的密闭状态下，饱和蒸汽的温度随压力的加大而升高，从而提高蒸汽对细菌及孢子的穿透力，在0.1 MPa的压力下，高压容器内的温度可以达到121 ℃，灭菌时间维持30分钟至1小时即可达到彻底灭菌。

若灭菌对象（如菌种瓶、培养袋等）容量过大或装料容量较多，蒸汽难以穿透，则应进一步加大气压，使水中蒸汽的温度达到126 ℃，蒸1小时或更长的时间。特别是以麦粒、木屑或棉籽壳为培养基的原种或栽培种，均应如此处理。

高压蒸汽灭菌锅的使用方法如下：

使用前，在锅中加入适量的清水。

将灭菌物品放入锅内，不要放得太挤，以免影响蒸汽流通。对于带有棉塞等忌潮物品的灭菌对象，上面应覆盖好牛皮纸等防潮。

盖好灭菌锅盖，采用对角形式均匀拧紧、盖上螺栓。锅盖要放得平稳端正、密不透气。

打开排气阀。

加热，使锅中水沸腾。所产生的蒸汽将锅内的冷空气由排气孔排出。锅中水沸腾后，排除冷空气的时间需要3~5分钟，然后关闭排气孔，继续加热。

当灭菌锅内的温度升至 121 ℃、压力上升到 0.1 MPa 时，控制热源，恒温保持 20~30 分钟。若对木屑、棉籽壳等培养基灭菌，应在 126 ℃、0.15 MPa 温度下保持 2~2.5 小时。谷粒种则应在 0.15 MPa 下灭菌 2.5~3 小时。灭菌时，必须注意保持压力恒定，不要忽升忽降。

灭菌完毕，停止加热，待温度降至 100 ℃、压力降至零时，打开排气孔，放出残留蒸汽，使空气进入锅内，补充由于蒸汽冷却而造成的真空，否则锅盖难以开启。压力未降至零时，不能打开锅盖或排气孔，以免由于锅内压力突然降低，容器内液体将剧烈沸腾，冲出容器之外，造成危险。

打开锅盖，用余热对棉塞进行烘干，半小时或 1 小时后取出菌瓶或料袋。

高压灭菌时应注意以下几点：

第一，必须排尽灭菌锅内滞留的冷空气，以免造成假升压，降低灭菌效果。若要判断高压锅内空气是否排净，可在排气管上套好橡皮管放入水中，不再冒气泡则表示排气彻底，否则应继续排气。

第二，间隙度对灭菌效果也有影响，锅内物品摆放不可过密，以免影响蒸汽的流通。培养料颗粒越大，蒸汽穿透中心所需的时间越长，灭菌时间越长。容器内颗粒间的孔隙度较高，而空气又是不良的热传导介质，所以麦粒、玉米粒菌种需要 150 kPa 压力、2 小时以上才能彻底灭菌。草料培养基质富含纤维素、半纤维素，并具有一定弹性，空隙度也高，装料过程中除了尽可能软化、压实之外，至少也得在 150 kPa 压力下、1.5 小时才能彻底灭菌。

第三，灭菌完毕应徐徐下降压力，以免锅内液体沸腾，导致棉塞潮湿。压力未降到 0.02 MPa 以下时，切勿打开放气阀，否则锅内突然降压，培养基和其他液体会从容器内喷出，或蘸湿棉塞，使用时容易污染杂菌。待压力降至零时，立即打开锅盖，用余热烘干瓶口棉塞，待温度降至 60~70 ℃时，移出高压锅。

第四,培养基成分对灭菌效果有影响。油脂、糖类会增强微生物的耐热性,这是因为高浓度的有机物包裹于颗粒周围影响热的传递,高压灭菌的目标是既要彻底灭菌,又要使营养成分尽可能少地被破坏。高温下微生物的死亡速度要比有机物的破坏更快,因此,可采用升高温度、增加压力和缩短灭菌时间的办法来减少营养成分的被破坏。在实际工作中,应注意在能彻底灭菌的前提下,尽量缩短灭菌时间,以最大限度地减少对培养基营养成分的破坏。

第五,培养基的 pH 值对灭菌效果也有影响。pH 值对微生物耐热性的影响很大。pH 值为 6~8 时,微生物不易死亡, pH 值<6 时,氢离子极易侵入微生物细胞,从而改变细胞的生理反应,促其死亡,所以培养基的 pH 值略低,所需灭菌时间可稍缩短。为了既能保持较高的 pH 值又能达到彻底灭菌的目的,首先应注意配料的 pH 值的调节,其次再考虑提高灭菌压力。

(2)常压高温灭菌

广大农村的食用菌生产条件大多因陋就简,在没有高压灭菌条件的地方常用常压灭菌灶或铁锅进行培养基的灭菌。

其基本原理是在常压条件下,灭菌灶烧水产生 100 ℃热蒸汽,栽培袋内外升温至 100 ℃后,对培养料连续进行 10~16 小时的湿热处理,通过延长灭菌时间的办法,使菌瓶或料袋培养基中的杂菌及其孢子的蛋白质凝固变性,失去活力,以达到灭菌的目的。常压高温灭菌灶制作简易,成本低廉,容量较大,故在生产中被广泛应用在杏鲍菇的栽培种培养基和栽培料袋(瓶)的灭菌。

常压灭菌锅的操作要点如下。

加水:常压灭菌所需时间较长,密封又不够,耗水量大于高压锅灭菌。所以要掌握和了解其耗水量,稳定地保持锅内的适当水位,经常检查进水管的畅通情况。在实际应用过程中,为防止水垢的沉积,最好每次灭菌都换一次水。

装锅:瓶装的要瓶颈相插,瓶底朝外;袋装的应按“品”字或“井”

字形堆叠，堆叠时各行均要留出约 1 cm 的空隙，以利于蒸汽穿透运行。叠放要平整，使压力平衡，并要做到垂直不倾斜，以防下层压破和上部倒塌。也可将瓶、袋放入周转筐。将已灭菌物品堆好，并将灭菌仓包裹好或封严。

加热："攻头保尾守中间"，即开始时旺火猛烧，要求在 2~5 小时内把锅内的培养基料升温到 100 ℃，以防培养基变质。此时，灭菌池内覆盖包裹料袋的塑料薄膜鼓胀似气囊状，温度上升到 100 ℃后保持稳定的中火或小火，不能忽高忽低。快要达到标准的时间时，火力要比中间的稳火再加猛一点儿，一般的培养料要保持 100 ℃的温度 10~16 小时。然后让灭菌锅内的温度徐徐下降，下降过程中可以不打开灭菌锅，利用锅内余热焖一夜，有利于提高灭菌效果。料温降到 60 ℃以后即可开锅取物。注意料温不可过低，过度冷却会造成瓶内冷凝水过多或塑料袋收缩。杏鲍菇菌丝抗杂菌的能力较弱，常压灭菌时，应根据情况把实际灭菌时间适当延长。

（3）煮沸灭菌

该方法适用于一些金属器皿和玻璃器皿、刀、剪、注射针筒等的消毒。在 100 ℃左右的沸水中， 5 分钟内即可杀死细菌繁殖体，但许多细菌的芽孢经数小时的煮沸也不会完全死亡，因此，要在水中加入 2%~5%的苯酚，经煮沸 10~15 分钟即可杀死芽孢；如在水中加入 1%的碳酸氢钠，则可提高水的沸点，加速细菌芽孢的死亡，并且可防止金属器械因煮沸而生锈。

二、化学消毒方法

消毒是用物理或化学方法杀灭物体上的病原微生物。用于杀灭病原微生物或其他有害微生物的化学药物称为消毒剂。在水溶液中消毒剂的分子或离子通过扩散和渗透作用，使微生物细胞内的蛋白质变性从而杀死微生物，或降低细菌等微生物的表面张力，增强菌体细胞的通透性，使细胞破裂或溶解。理想的消毒剂应是杀菌力强、价格低廉、能长期保存、无腐蚀性、对人无毒害或毒性较小的药品。

1. 苯酚

可杀死微生物的营养体,高浓度下可裂解并穿透细胞壁,使菌体蛋白凝聚并沉淀;低浓度下可使细胞的主要酶系统失去活性。

一般 0.5%~1%的苯酚水溶液作为喷雾剂处理无菌室(接种箱),可以起到降尘除菌、空气消毒的作用;1%~2%的溶液用于手的消毒(浸泡 2 分钟)和无菌室(接种箱)内消毒喷雾。5%的苯酚水溶液用来做消毒剂,能在数小时内杀死芽孢。3%~5%的来苏水可用于器皿消毒,浸泡 1 小时即可。配制时先用热水溶化再加入所需水量定容。

苯酚很稳定,无腐蚀金属作用。当有氯化钠存在时,苯酚的效力增加,而乙醇会使其效力大减。但应注意,5%以上的溶液能使皮肤变白,手指麻痹并会损坏皮肤与黏膜,对人畜有毒。

2. 乙醇(酒精)

常用消毒剂很容易挥发。无水乙醇杀菌力很低,而 70%~75%的乙醇穿透能力最强,可使病原微生物的细胞脱水,蛋白质变性,从而达到杀菌的目的。乙醇对芽孢作用不大或无作用。常用的乙醇浓度视被消毒物品的状态而定;高浓度的乙醇杀菌较弱,表面干燥的物品可用 70%~75%的乙醇;表面湿润的物品则用 80%~90%的乙醇;75%的乙醇常用于操作前皮肤或接种箱、接种工具、菌种瓶口的表面消毒。

3. 甲醛

(1)福尔马林

福尔马林是甲醛的水溶液,属广谱性杀菌剂,可杀灭各种类型的微生物。商用福尔马林含甲醛 37%~40%。常温下为无色或淡黄色的液体,有强烈的刺激性气味,能与水和乙醇以任何比例配合,其水溶液呈弱酸性,在常温下很容易挥发。

用法：喷雾法，配成一定比例的溶液喷雾消毒；化学反应法，将福尔马林倒入瓷碗等容器中，用炉火加热蒸发，达到杀菌的目的。常用于接种箱、无菌室的消毒。

福尔马林比较稳定，不容易失效，但如果贮藏不当（如贮藏期间温度过高、过低，或光线太强）会产生沉淀，使有效成分减少，杀菌能力也相应降低，使用时需要加大用量。在杏鲍菇生产中，福尔马林是很好的消毒剂，常作为接种室（箱）、培养室、栽培室的消毒药品。

（2）甲醛

其是一种常用的杀死细菌与真菌的溶液。一般用10%的甲醛液熏蒸菇房、接种室。具体做法是每立方米空间使用10 mL甲醛，将其加热后，使之挥发。

蒸法：熏蒸法常用于空菇房消毒，每间100 m^3 的菇房用福尔马林500~750 mL，放入玻璃或陶瓷容器（不宜用金属容器），再放入高锰酸钾300 g，加水1 L，会产生大量的甲醛蒸汽，对密闭的空间进行杀菌消毒，过夜后把门窗打开，排出有害气体。

4. 高锰酸钾

高锰酸钾在常温下呈紫色结晶体状，较稳定，能很快地溶于水，其水溶液呈紫红色。高锰酸钾是一种较强的氧化剂，在200 ℃下即分解出氧，能把杂菌细胞中的蛋白质、酶氧化变性，导致菌体的芽孢死亡，失去活性，从而达到灭菌的目的。其是食用菌生产中广泛使用的消毒剂。其用法如下：用0.1%浓度的溶液洗涤、浸泡实验室的各种器皿10~30分钟，可杀灭微生物营养体；用0.2%的溶液洗刷培养室或栽培室的墙壁、床架、地板等；也可用浓度0.3%~0.5%的高锰酸钾溶液在空菇房内喷洒培养场地或栽培场地；使用2%~5%的溶液可在24小时内杀灭细菌芽孢。

高锰酸钾在温度升高和在酸性条件下可提高杀菌能力。本品具有腐蚀性，切忌用湿手取药。食用菌生产中，高锰酸钾常和甲醛按

1∶2 比例混合熏蒸，做接种气化消毒。具体使用方法可参照福尔马林熏蒸法。

5. 过氧乙酸

过氧乙酸具有酸和氧化剂的特点，属过氧化物类消毒剂，市场上销售的是浓度为 15%~20%的原液。过氧乙酸通过破坏微生物的蛋白质分子结构杀死微生物，杀灭微生物营养体使用 0.5%的浓度，杀灭细菌芽孢使用 1%的浓度。过氧乙酸不稳定，浓度＞ 20%容易爆炸，浓度＞ 16%时，要防止摇摆、振荡和高温，运输中更不能过浓。

用法：浸泡、擦抹使用 0.2%浓度；空间喷雾消毒，可将原液稀释为 0.3%~0.5%的水溶液，按 8 mL/m^3 计算配制。使用时人要避开，作用 1 小时后通风。用于熏蒸时，将 15%~20%的过氧乙酸加入 1 倍的水，再置于陶瓷、搪瓷或玻璃容器内加热，使其蒸发，房间密闭 1~1.5 小时即可。温度与湿度降低时，处理剂量应相应加大。

6. 煤酚皂液

煤酚皂液又名甲酚皂水、来苏水，是一种酚类杀菌剂，常用的煤酚皂液含煤酚 47%~53%。杏鲍菇生产中可用煤酚皂液作为表面消毒剂，用于洗手、浸泡实验室器皿、抹布和接种工具，处理时间 30~50 分钟。或是喷洒、擦洗接种箱、桌架，无菌室的墙壁及地面等，使用浓度一般为 2%（量取 50%的来苏水 40 mL，加水至 1000 mL），作用时间为 30~60 分钟。将药液加热至 40~50 ℃可增强杀菌作用。

7. 碘附

碘附是单质碘与聚乙烯吡咯烷酮的不定型结合物，属氧化型广谱杀菌剂，无腐蚀性。分为含有效碘 4%、10%、16%的 3 种水剂，黄色，可溶于水，抗菌性广，对细菌、霉菌、部分病毒、线虫等都有杀灭作用，对人无毒，对金属腐蚀性小，常用方法为 200 mg/L 洗手，50~80 mg/L 空间喷雾。注意随配随用，以免碘附挥发。

8. 新洁尔灭

其是阳离子型表面活性物质广谱消毒杀菌剂，具有芳香气味，极苦，易溶于水，振荡时能产生大量的气泡，具有耐热、耐光性。它通过破坏菌体细胞的膜结构改变细胞膜的透性，使菌体肿胀、死亡。对无芽孢病原菌、真菌等具有较强的杀灭效果，为苯酚的 10 倍。其消毒特点是快速、高效、无毒，不污染衣服、性质稳定、易于保存。新洁尔灭原液浓度为 5%，常用 0.25%浓度的溶液对手和器具做表面消毒。对皮肤无刺激性，对金属、橡胶制品无腐蚀作用，注意应现配现用。

9. 玻尔多液

将 500 g 的硫酸铜放入木桶或缸内，加清水 10 L 搅拌，溶解去渣，再加入 80 L 清水，制成硫酸铜溶液。另称取 1 kg 的生石灰，用 10 L 清水拌均匀后，滤去石灰渣，制成石灰乳，然后把硫酸铜溶液倒入石灰乳中，即成倍量式波尔多液，可用于室内环境消毒。

10. 硫黄

硫黄为黄色粉末，有明显的气味，不溶于水，是一种使用方便的无机杀菌剂，在杏鲍菇生产中主要用来做空菇房杀菌剂。密闭空间后，每立方米空间用量 15~20 g，按需用量称取后分成数份，放入玻璃或陶瓷容器内（再放入纸或木屑助燃）。每个房间放置 3~5 个点，从里向外引燃硫黄，迅速退出，让其燃烧产生二氧化硫，从而起到杀菌作用，8~12 小时后打开门窗，使有毒气体排散。

硫黄燃烧后，主要生成二氧化硫，对消灭昆虫、跳蚤等效果好，但杀菌作用不大。熏蒸前先喷洒水雾，二氧化硫遇水或水蒸气反应生成亚硫酸，可增加杀菌效果。

11. 漂白粉（含氯石灰）和漂白精片

漂白粉为粉剂，精片为片剂，主要成分为次氯酸钙，有效氯的含量为 25%~32%，溶于水中分解成次氯酸，有氯气臭味，有较强的杀菌作用。适用于接种室内的墙壁、床架及空气消毒。有效氯极易挥发，其杀菌效力持续时间短，所以漂白粉的容器一定要密封，配置漂白粉水溶液也应随配随用，不能久放。

漂白精片每片含有效氯 0.25 g，在常规条件下呈白色，能溶于水，遇水后能分解放出氯，通过有效氯杀菌，具有挥发性，一段时间后就不会留在组织上。

漂白粉或漂白精片溶液杀菌能力较强，对细菌的杀伤作用显著。在杏鲍菇生产中，具体使用方法如下。

1）漂白精片 1 片溶于 5 L 水中或使用 2%~5%的水溶液，可用于洗刷菇房的床架、墙壁、地板，或用于洗刷培养皿、试管等玻璃器具，对附着在物体表面的细菌有杀灭作用。

2）漂白精片 1 片溶于 7~8 L 水中，在细菌性病害发生的初期，用于喷洒在培养袋料面上或子实体上，以防治子实体的细菌性病害。

12. 升汞

升汞的化学名称为氯化汞，可溶解于水、乙醇、乙醚、乙酸乙酯，不溶于二硫化碳。在升汞水溶液中加入盐酸、食盐、氯化铵等可增强升汞的稳定性，还可增加其溶解度，加入浓盐酸可制成酸性升汞。实验室使用的升汞消毒液很多，常用于消毒种菇表面。

使用时应配制成 0.1%~0.2%的水溶液，即升汞 1~2 g，先放入少量的酒精中溶解，然后加蒸馏水 1000 mL 稀释而成。料袋放入接种室（箱）后，可用喷雾器向接种室（箱）的墙壁及空间喷 0.1%的酸性升汞溶液，不仅可使尘埃降落，还可杀死表面附着的病原菌。0.05%~0.1%的酸性升汞溶液用于洗刷试管、培养皿等器皿或擦洗培养室的床架等。升汞为剧毒性药物，使用时必须小心操作。

13. 过氧化氢（H_2O_2）

其又称双氧水，无色，为氧化型消毒剂。其消毒原理在于使菌体蛋白酶的-SH 氧化为-S-S-，导致酶失活，菌体死亡。市售品为 30%或

3%的水溶液，常用 1%浓度的溶液消毒器皿、器具和皮肤；在组织分离时，可用 20%的溶液浸泡种菇 1~3 分钟，进行表面消毒。

14. 多菌灵

纯品为白色结晶，工业品为浅褐色粉末，产品多为 50%或 25%的可湿性粉剂，化学性质稳定，不溶于水，300 ℃以上分解，对酸、碱不稳定。本品为高效、低毒、广谱内吸氨甲基酸酯类杀真菌剂，被吸收到菇体内而不失效，对其中的病原菌发生作用，也称为化学治疗剂。通过干扰病原细胞的有丝分裂，抑制和杀死病原菌，对人畜毒性较低，在土壤中易分解失效。

多菌灵是目前菇类生产上允许使用的抑菌剂，常用于培养基拌料消毒、抑菌，一般用量为 0.2%，最高不超过 0.3%。含量为 50%的粉剂，占料干重的 0.1%即可杀死和抑制杂菌生长；若加大用量，不但增加成本，还会影响菌丝生长，导致污染。

配料时，将多菌灵溶解后，先与米糠或麸皮均匀混合，使米糠或麸皮外裹上药剂，再和其他主、辅料混匀。这样做是因为杂菌往往先从含氮高的培养料中发生。拌料时还要拌匀，以免发生点片污染。

多菌灵对毛霉、根霉的防治效果较差，使用时应适当提高培养料的 pH 值，以抑制毛霉、根霉的生长。由于多菌灵耐高温，使用时最好将培养料进行发酵或高温灭菌处理，以杀灭霉菌。

多菌灵在碱性环境中容易分解失效，因此拌料时不能同时使用石灰，更不能把多菌灵、石灰混合液久置。另外，多菌灵易使杂菌产生抗药性，所以应避免长期使用，可交替使用其他杀菌剂。

15. 百菌清

百菌清为广谱保护性触杀剂，化学性质稳定，无腐蚀作用，对人畜低毒，对鱼类毒性大。百菌清是一种非内吸性广谱杀菌剂，主要防治多种真菌性病害，但对土传腐霉属菌所引起的病害效果不好。对多菌灵产生抗药性的病害，改用百菌清防治能收到良好的效果。本品能与真菌细胞中的3-磷酸甘油醛脱氢酶中含有半胱氨酸的蛋白质结合，破坏酶的活力，使真菌细胞的代谢受到破坏而丧失生命力。

百菌清没有内吸传导作用，在生物体表面有良好的黏着性，不易被冲刷掉，因此药效期较长，在常规用量下，一般药效期为7~10天。

16. 甲基硫菌灵

甲基硫菌灵的商品名为甲基托布津，其为白色或淡黄色固体，难溶于水，可溶于若干有机溶液，化学性质稳定。本品为高效、低毒、低残留、内吸性广谱杀菌剂，最初是由日本曹达株式会社研制开发，可防治多种真菌病害。它被吸收后即转化为多菌灵，主要干扰病菌菌丝形成，影响病菌细胞分裂，使孢子萌发的芽管畸形，从而杀死病菌，其内吸性比多菌灵强，持效期5~7天。

甲基硫菌灵的常见剂型为50%、70%的可湿性粉剂、40%的悬浮剂。每次用50%的甲基硫菌灵可湿性粉剂700~1000倍液，或用70%的甲基硫菌灵可湿性粉剂800~1200倍液。采用干料重量0.1%的甲基硫菌灵拌料，效果更好。

甲基硫菌灵可与多种杀菌剂、杀螨剂、杀虫剂混用，但要现配现用，不能与铜制剂、碱性药剂混用。长期单一连续使用甲基硫菌灵，病菌会产生抗药性，降低防治效果，应与其他药剂轮换使用。但多菌灵和甲基硫菌灵不得轮换使用，因为它们之间有交互抗性。

甲基药剂对皮肤、眼睛有刺激性，应避免与人体直接接触。使用过程中，若药液溅入眼中，应立即用清水或2%的苏打水冲洗。

17. 苯来特

本品为高效、低毒的内吸性杀菌剂，对人畜毒性较低，施药后残留量极低。纯品为白色结晶，带有刺激性臭味，难溶于水，市售有50%的可湿性粉剂。本品和托布津在国外被批准用于食用菌栽培，使用方法同多菌灵。

18. 优氯净

本品的化学成分为二氯异氰尿酸钠，为有机氯消毒剂，白色晶体，性质稳定，有效氯 60%左右，水溶液稳定性较差。本品 10 g，加水 7 L，搅拌溶解后擦拭或喷洒物体表面，10 分钟起效。采用“优氯净”为主要原料配制的烟熏型“气雾消毒剂”为袋装粉剂，产生的烟雾具有强扩散、渗透力强、广谱高效、迅速杀菌的能力，适用于接种室、接种箱空间消毒，30 分钟以上可杀灭 95%的杂菌，而且操作方便、发烟量大，对人畜无毒无害、安全可靠。

19. 石灰

分生、熟两种，生石灰主要成分为氧化钙，白色固体，遇水反应则变成熟石灰。生、熟石灰均为碱性，常用于调节培养基的酸碱度，从而抑制大多数酵母菌的生长繁殖，达到消毒目的。使用时可撒粉，或用 3%~5%的石灰水溶液喷洒环境，或 1%的比例直接加入栽培料中，夏天时可用来防止培养料发酵。

第五章　杏鲍菇菌种制作

一、菌种的分级

食用菌的种子一般称为菌种，指在适宜的培养基质上生长发育良好，供扩大繁殖（简称扩繁）和生产的菌丝体，包括长满菌丝的基质。杏鲍菇纯菌种分离成功后，其商业化栽培才得以进行。菌种是食用菌生产的前提和基础，质量好坏直接影响食用菌产品的产量和质量，甚至影响生产的成败，因此菌种制作与生产是杏鲍菇人工栽培的关键环节。

根据菌种的制作工艺、扩繁步骤、分离接种途径等特点，原国家农业部（现为“农业农村部”）《食用菌菌种管理办法》将菌种分为3级，即一级菌种、二级菌种和三级菌种。食用菌菌种三级扩繁的目的：一，扩大菌种数量，满足生产用种的需要；二，让菌丝对大分子有机基料有一个适应过程，增强胞外酶的产生；三，在菌种培养过程中，还可对菌种的生命力、纯度等进行检验。

1. 一级菌种（母种）

经子实体组织、菇（耳）木和基内菌丝分离，或以其他方法培养、提纯（纯化）得到的纯菌丝，经过出菇试验（单孢子分离除外），证实具有结实性，可确定为原始母种。母种经过再次提纯、扩繁培养称为子代母种。母种数量少，而且菌丝细弱，不能用来大量接种和栽培，只能用于分离、提纯、转管、扩繁原种或保存。母种一般接种在试管内的空白斜面培养基上，也称为试管种。为了避免混淆，将此培养物称为一级菌种。一级菌种以不同规格口径的玻璃试管作为容器。

2. 二级菌种（原种）

把母种转接到菌种袋（瓶）内的麦粒或木屑、棉籽壳等培养基上，经过第二次扩大培育出来的菌丝体称为二级菌种（又称为原种）。原种虽然可以用来栽培，但由于数量少、使用成本高，一般不用于生产栽培。因此，必须再扩大成更多的栽培种。每支子代母种可转接 4~6 瓶原种。二级菌种还要再扩接成三级菌种，所以对其纯度的要求也很高。

3. 三级菌种（栽培种或生产种）

把原种再次扩接到栽培基料上，经过培育得到的菌丝体，作为生产栽培的菌种，称为栽培种。因为是经过第三次扩大，所以又称为三级菌种。一般每瓶原种可扩接 25~50 瓶（袋）栽培种，可以满足栽培需要。

二、菌种的类型

要培养优质的菌种，必须按照食用菌所需的营养物质人工配制优良的培养基，满足孢子萌发、菌丝体生长的营养需求。常用的培养基种类繁多，同一食用菌品种，由于培养基原料的物理状态、成分和使用目的等因素的不同，培养基的种类也有区别。

（一）按物质来源分类

根据营养物质的来源不同，可以分为天然培养基、半合成培养基和合成培养基三种。

1. 天然培养基

其是指采用化学成分、含量未知或不完全知道的天然有机物质作为营养源而配制成的培养基。其原料来源广，成本低廉，是菌种生产中最常用的培养基。主要有马铃薯、麦芽汁、小麦、高粱等。

2. 半合成培养基

其是指在天然培养基中，添加适量的无机盐类，或在合成培养基中添加某些天然的营养物质配制成的培养基。这类培养基广泛应用于母种的分离培养和菌种保藏等。

3. 合成培养基

其是指采用化学成分含量已知的碳水化合物、含氮化合物、有机酸类、无机盐类和生长素等作为营养物质配制成的培养基。通常用于生理生化研究，也可用于某些品种母种分离培养和菌种保藏等。

（二）按物理状态区分

1. 固体菌种培养基

食用菌生产用的各级菌种，多数是固体培养基。按使用的主要栽培基料的不同，分为木屑菌种、枝条菌种和颗粒菌种等。

木屑菌种：以阔叶树木屑为主料，配以一定比例的麦麸等辅料作为基质，用于生产杏鲍菇的原种和栽培种。

枝条菌种：以具一定形状的竹签、树木枝条为原料，配以一定比例的木屑、麦麸培养料作为填充物，多应用于杏鲍菇的袋料栽培。

颗粒菌种：以小麦、大麦、高粱、玉米等种子为原料，作为原种和栽培种的基质，在杏鲍菇栽培中广泛使用。

2. 液体培养基

将食用菌所需的营养物质，按配方比例加入水配制成营养液，根据具体的要求装入容器，灭菌后接入母种，通过人为控制摇床、发酵罐等机械设施发酵，在较短时间内可得到大量的菌丝体，即液体菌种。液体培养基多用于大量培养二级菌种和三级菌种，很少用于培养一级菌种，因为有杂菌时很难发现和清除。

3. 固化培养基

固化培养基是在液体培养基的基础上，加入适量的凝固剂（如琼脂、明胶或硅胶）注入试管或培养皿，制成的斜面或平板培养基。主要用于母种的分离培养、转管及保藏。

三、母种菌种的分离

杏鲍菇是腐生类真菌，在自然界和生产环境中分布有大量微生物，因此，要获得高纯度的优良菌种，就必须用科学的方法从这些杂菌的包围中分离与获得。纯菌种分离手段可以使用组织分离法、孢子分离法、基内菌丝分离法 3 种方法。孢子分离法分离后，需要重新进行有性杂交，杂交后变异较大，多为科研育种单位育种时应用，一般生产者多使用组织分离法获得纯菌种。

（一）组织分离法

子实体是由菌丝体扭结形成的，具有较强的再生能力和保持本种性的能力，采用子实体部分组织进行分离是获得纯菌种的一种简便的无性繁殖方法。它不仅适用于那些孢子不易萌发或单孢分离难度大的食用菌，而且即使是由纯菌丝后代和杂交育种获得的新菌株，也需要用组织分离方法将其遗传性稳定下来。组织分离主要用于野生菌种分离、菌种复壮，以及优良菌种选育等。操作步骤如下。

1. 种菇选择

种菇作为分离母种，是育种的种源，亦称为母本。种源质量与育种和品种在生产中的农艺性状及产品经济性状关系密切，为此对种菇的选择要求十分严格。种菇可从野生和人工栽培的群体中采集。杏鲍菇种菇主要是栽培场中经留种获得的，应从当地当家品种或从外地引进并经大面积栽培后表现出优质、高产、种性稳定的菌株中选择。

标准种菇应选取菌丝生长旺盛、长势好、出菇快、菇体紧实、不易开裂或变黄、菌柄肥厚粗壮、七八成熟未开伞的子实体，并且基质和子实体均无病虫污染。菇蕾是群生的，选定种菇后，应将其周边幼蕾去掉，使养分能够集中供给种菇发育。被选中的种菇，做好形态等农艺性状的记录，编码标记原菌株代号。

2. 种菇分离

切除菇柄与培养基的粘连部分，置于接种箱或超净台内，用75%的酒精擦拭消毒或0.1%的升汞水浸泡1分钟，用无菌滤纸吸干备用。在靠近酒精灯火焰处，用双手将种菇撕开，随即用已灭菌的解剖刀在菇盖与菌柄交界处划“井”字，切取组织块，然后靠近火焰，用灼烧灭菌过的接种针钩取一小块菌肉组织（约0.2 cm^3），迅速移入马铃薯葡萄糖琼脂培养基（PDA）斜面培养基中央，在试管口塞上棉塞。分离操作要迅速，手不要触碰切开的菇肉。

组织块割取部分依种菇的成熟度有别，如果种菇是四五成熟的菇蕾，其组织块割取部位应在菌盖与菌柄交接处；若是六七成熟并已开伞的种菇，其组织块割取部分在菌盖与菌柄交界偏菌盖处为宜。

3. 接种培养

接种后，将试管放入25 ℃条件下培养，待组织块上长出白色绒毛状菌丝即成。稍后菌丝开始向斜面培养基上定植、蔓延生长。当菌丝在培养基上生长至0.5~1.0 cm时，及时挑取生长浓密、健壮的菌丝尖端进行转管。

采用组织分离法的优缺点及注意事项：①优点是组织分离取材广泛、操作简便、易于成功，后代不易发生变异。属于无性繁殖，能够保持原亲本菌株的优良种性。②缺点是感染病毒的子实体进行组织分离时，常得到带病毒的菌丝体。③种菇过湿时，不能马上进行组织分离，否则易感染细菌。可将种菇置于纸袋中，放置于5 ℃冰箱中1~2天，待菇体水分减少时，再进行分离。④对杏鲍菇等伞菌类应切取菌盖与菌柄交接处菌柄上的组织，组织切取时不宜过小，否则易被培养基表面的极少量水浸湿而不长菌丝；过大则浪费种菇，并且由于表面积过大，易感染杂菌。

（二）孢子分离法

孢子是食用菌的基本繁殖单位。孢子分离法是利用菇体成熟的有性孢子（担孢子）或无性孢子（厚垣孢子、节孢子、粉孢子等）进行分离培养获得纯菌丝体并扩大繁殖来获得纯菌种的一种方法，是制种基本方法之一。其步骤如下。

1. 孢子采集

孢子采集方法有整菇插种法、钩悬法、贴附法和印模法等，均可收集孢子，具体操作如下。

（1）整菇插种法

操作前准备好已消毒的孢子收集器、接种箱（超净台）及工具。将适度成熟的种菇切去部分菌柄，留下 2 cm 左右，置于接种箱内，用75%的酒精擦拭菌盖的表面及菌柄；然后将处理后的种菇用镊子夹住菌柄，插到孢子收集器内的金属支架上，放在适温下使其自然弹射孢子。一般在 23~25 ℃条件下，24 小时即可见到白色孢子堆。

（2）菌褶涂抹法

取成熟的杏鲍菇子实体，切去菌柄，在接种箱（超净台）内用75%的酒精进行菌盖、菌柄表面消毒，用经火焰灭菌并冷却后的接种环，插入种菇的菌褶之中，并轻轻抹过菌褶的表面。此时接种环上就粘有大量的孢子，然后用画线法将孢子涂抹于 PDA 试管斜面或平板的培养基上，置于适温下培养数天后，就会萌发成肉眼可见的菌丝体。

（3）贴附法

在无菌条件下，取一小块成熟并经消毒处理的菌褶，蘸取少许琼脂，或用胶水粘贴在 PDA 试管斜面正上方的管壁上。注意菌褶腹面应朝斜面方向，待孢子下落至斜面培养基上，除去菌褶，塞回棉塞。

（4）印模法

将成熟的菌褶平放于接种台面上，取 1 支 PDA 斜面试管，在酒精灯火焰旁取下棉塞，将管口灼烧灭菌后旋压在菌褶上，使之割下菌褶圆片在试管管口上；然后用接种工具将组织片向试管内推入，距离棉塞底部约 1 cm 处，塞回棉塞，置于适温下培养，见斜面上孢子出现时，再于无菌条件下除去组织片。

（5）孢子印分离法

将成熟新鲜的子实体切去菌柄，把菌褶向下，放在无菌的黑色纸或白色纸上，用通气钟罩罩上，放于 20~24 ℃静止环境内 24 小时左右，轻轻拿去钟罩，这时大量的孢子已落在纸上。白色孢子用黑色纸，深色孢子用白色纸，便于观察孢子印。带有孢子印的纸，可在无菌条件下保存备用。

2. 孢子分离

收集的孢子萌发后，由于有些菌丝体生活力弱或不结菇，因此，收集到的孢子必须经过分离选择，才能扩制成生产用的菌种。按分离时挑取孢子的数目不同，分为多孢分离和单孢分离。

（1）多孢分离

多孢分离是把许多孢子接种在同一培养基上，萌发后自由交配，从而获得纯菌种的一种方法。此法比较简易，在制种中应用较为普遍。多孢分离方法主要有两种。

1）斜面划线：按无菌操作规程，用接种环蘸取少量孢子，在 PDA 试管斜面培养基上自下而上划线，划线时勿用力，以免划破培养基表面。接种完毕，抽出接种环，灼烧管口，塞上棉塞。按照菌种的菌丝生长温度要求置于恒温下培养。待孢子萌发后，挑选萌发早、长势旺的菌落，转接于新的试管培养基上进行培养，即成母种。

2）涂布分离：用接种环挑取少许孢子至装有无菌水的试管中，充分摇匀制成孢子悬浮液，吸取 1~2 滴于试管斜面或平板培养基上，转动试管使孢子悬浮液均匀分布于斜面上，或用涂布棒将平板上的悬浮液涂布均匀。孢子经恒温培养萌发后，挑选几株发育匀称、生长迅速的菌落，移接于另一试管斜面培养基上，恒温培养即为母种。

以上两种多孢分离培养的方法，仅从菌丝的生长情况、菌落形态等外部特征进行判断，还不能作为判定菌种优劣最后的根据。为了保证母种的质量，还需要做生物学鉴定，即进行出菇试验，根据其生物学特征和生物学效应等数据才能确定能否应用于生产。

（2）单孢分离

单孢分离是每次每支试管中只挑取一个孢子，接种在培养基上让它萌发成菌丝体获得纯菌种的方法。此法可获得大量变异菌株，是开发和培育新品种的一种手段。单孢分离主要有稀释分离、平板划线分离两种方法。

1）稀释分离：用接种针挑取少许采集的孢子，放入装有 10 mL 无菌水的试管中摇匀，配成稀释孢子悬浮液，再用无菌吸管取 1 mL 孢子液，移入另一支装有 9 mL 无菌水的试管中摇匀。如此连续多次稀释，直到孢子液在低倍显微镜下观察，每滴只含有 1 个孢子为止。然后用清洁无菌吸管，吸取只含 1 个孢子的稀释液 1~2 滴，注入培养皿培养基的表面，并来回转动，使孢子在培养基上定植，然后进行培养繁殖。

2）平板划线分离：平板培养基要求稍干、稍厚，每个培养皿的培养基应为 20 mL。在无菌条件下近火焰处，用接种环蘸取少许无菌水配制的孢子悬浮液，在平板上划线。要求平稳、连续，也不宜重划，切忌划破平板培养基。每划完一区，转动培养皿后再划线。最后一组划线与第一组划线不能相连接，否则达不到分离孢子的目的。划线的方法很多，如扇形划线、连续划线、方格划线、平行划线等。

划线结束，平板置于 25 ℃条件下培养后，会出现密度不等的菌落，越后面的菌落就越稀疏。可在此区域内挑选单个菌落，移接到斜面培养基上培养，即得到由单个孢子发育成的纯种。斜面划线分离也按照同样的方法挑取转管。

杏鲍菇属异宗结合的食用菌，其孢子具有性别，单孢菌株不能结菇,必须通过单孢菌株之间的结合,或将不同品种所得到的单孢菌株进行杂交,才可培育出新品种。

(三)基内菌丝分离法

这是利用菇体生长的基质,作为分离材料而获得纯菌丝的一种方法。其分离材料可从人工栽培出菇的木段,或从栽培袋中选择长有子实体的菌袋作为分离材料。在木材或菌袋上割去子实体,从木质部或培养基等部位分离出菌丝,接入试管内培育而成母种。

四、三级菌种扩繁

杏鲍菇菌种的生产分为3个阶段,即一级(母种)、二级(原种)、三级(栽培种)菌种的生产,各阶段的菌种制作工艺大致相同,程序如下。

原料准备→培养基配制→分装→高压或常压灭菌→冷却→接种箱或接种室消毒→接种→培养→菌种质量检验→贴标签→低温贮藏→使用。

国家农业行业标准NY/T 528《食用菌菌种生产技术规程》严格规定了菌种生产的规范性技术要求,包括技术人员、场地、厂房设置和布局、设备设施、使用品种和扩大繁殖、生产工艺流程、技术要求、标签、标志、包装、运输和贮运等,生产过程应符合要求条件。

(一)杏鲍菇母种的扩繁

1. 母种培养基制作

(1)培养基配置原则

培养基是提供食用菌生长发育的营养与特定环境条件的基质,因此必须具备3个条件:①含有菌丝生长发育所需的营养物质;②具备菌丝生长的环境条件如pH值、渗透压等;③必须经过灭菌,并始终能保持无菌状态。

（2）斜面培养基制作工艺流程：材料选择（按配方）→准确称量→材料处理→定量配制→分装试管→灭菌→摆放斜面。

材料选择，要求新鲜洁净，无霉变、虫蛀、发芽、变青的马铃薯。发芽后的马铃薯含有龙葵碱，影响菌种生长，不可使用。

准确称量，食用菌菌丝的生长要求适宜的养分浓度，过浓或过少都会对菌丝的生长产生一定的影响。

材料处理，对于不同物质有不同的要求。

植物性有机物质：如马铃薯、米糠、棉籽壳、麦麸、木屑、稻草等均须先用清水煮沸 30 分钟浸提，取其滤液备用。

生物制剂：酵母膏、蛋白胨等生物制剂使用前用温水溶化后加入，无须煮沸。

化学试剂：如葡萄糖、麦芽糖、硫酸铵、磷酸二氢钾、硫酸镁和维生素 B_1 等，均在配制的最后一步加入，加入时不断搅拌，使其快速溶化，无须加热煮沸。

2. 常用母种培养基配方

配方 1：马铃薯葡萄糖琼脂培养基（PDA）

马铃薯（去皮）200 g，葡萄糖 20 g（也可用蔗糖代替），琼脂 16~20 g，水 1000 mL。

制作方法：选择无霉变的马铃薯，洗净去皮（若已发芽，要挖去芽及周围小块，见青者削去青色组织），切成薄片，放入不锈钢锅，加水 1000 mL，煮沸后用文火加热 30 分钟，以薯片酥而不烂为度。用 4 层纱布过滤，取其汤汁备用。将琼脂放入水中浸透后，倒入马铃薯浸出液中，文火加热至全部融化为止。加热过程中要不断搅拌，以防溢出和焦底。最后加入葡萄糖等材料，待其完全溶化后，再用 6 层纱布过滤，取其滤液，若滤汁不足则加水定容至 1000 mL，搅拌均匀。pH 值自然。如需要检测 pH 值，当 pH 值低于 6.5 时，可用氢氧化钠、碳酸钠、石灰溶液调节到 7 左右；当 pH 值太高时，可用盐酸、柠檬酸或醋酸溶液调节至 6.5 左右。

配方 2:综合马铃薯葡萄糖琼脂培养基

马铃薯(去皮)200 g,葡萄糖 20 g,磷酸二氢钾 2 g,硫酸镁 0.5 g,琼脂 20 g,水 1000 mL。

配方 3:马铃薯麦麸综合培养基

马铃薯(去皮)200 g,麦麸 100 g,葡萄糖 20 g,磷酸二氢钾 2 g,硫酸镁 0.5 g,琼脂 20 g,水 1000 mL。

配方 4:马铃薯蛋白胨综合培养基

马铃薯(去皮)200 g,葡萄糖 20 g,蛋白胨 2~4 g,磷酸二氢钾 2 g,硫酸镁 0.5 g,琼脂 20 g,水 1000 mL。

配方 5:马铃薯酵母粉综合培养基

马铃薯(去皮)200 g,葡萄糖 20 g,酵母粉 4~6 g,磷酸二氢钾 2 g,硫酸镁 0.5 g,琼脂 20 g,水 1000 mL。

配方 6:改良马铃薯葡萄糖琼脂培养基

马铃薯 300 g,蛋白胨(黄豆胨)1.0 g,葡萄糖 20 g,酵母粉 2.0 g,琼脂 20 g,水 1000 mL。

配方 7:马铃薯淀粉综合培养基

马铃薯 200 g,可溶性淀粉 70 g,酵母膏 4 g,磷酸二氢钾 1.5 g,硫酸镁 0.75 g,维生素 B_1 20 mg,琼脂 18 g,水 1000 mL。

配方 8:马铃薯黄豆粉培养基

马铃薯 200 g,黄豆粉 20 g,蔗糖 20 g,麦芽糖 15 g,维生素 B_1 1.0 g,琼脂 20 g,水 1000 mL。

制作方法:配方 2~8 同配方 1,在加入葡萄糖时加入其他营养试剂。

配方 9:玉米粉蔗糖琼脂培养基

玉米粉 100 g,蔗糖 20 g,琼脂 20 g,水 1000 mL,pH 值自然。

制作方法:把玉米粉加冷水调成糊状,再加清水 50 mL 稀释,煮沸 20 分钟,用纱布过滤取出液汁,另将琼脂加 500 mL 清水煮沸融化,然后将两液混合后分装入试管。

配方 10:黄豆粉蔗糖琼脂培养基

黄豆粉 100 g,蔗糖 20 g,琼脂 20 g,水 1000 mL。

制作方法:同配方 9。

配方 11:干麦芽 250 g,琼脂 15 g,水 1000 mL,pH 值自然。

制作方法:将干麦芽粉碎成细末,加清水倒入不锈钢锅,以 60~65 ℃(不超过 70 ℃)的温度加热 1~2 小时,使之糖化。然后抽取少量,用碘液检查是否残留淀粉。如含有淀粉,糖汁会变成蓝色,此时应继续加热至蓝色完全消失。糖汁的浓度以 10%~12%为宜。煮沸后应立即用纱布过滤去渣。滤液不足 1000 mL 时,应加开水补足,然后加入琼脂融化分装入试管。也可以采用麦芽浸膏 20 g,酵母膏 20 g,蒸馏水 1000 mL 配制。

配方 12:木屑 200 g,米糠 100 g,硫酸铵 1 g,蔗糖 10 g,琼脂 20 g,清水 1000 mL,pH 值自然。

制作方法:将硬杂木木屑和米糠一起放入不锈钢锅,加水煮沸 30 分钟。过滤取出汁液,再用热水补足 1000 mL,加入琼脂,继续加热至全部融化。然后加入已溶于少量水的蔗糖和硫酸铵,混合拌匀后分装入试管。

配方 13:麸皮 50 g,米糠 50 g,蔗糖 20 g,维生素 B_1 1 g,琼脂 20 g,水 1000 mL。

制作方法:同配方 12。

配方 14:完全培养基

蛋白胨 2 g,葡萄糖 20 g,硫酸镁 0.5 g,磷酸二氢钾 0.5 g,维生素 B_1 0.5 g,琼脂 20 g,水 1000 mL,pH 值自然。

制作方法:将琼脂浸水后,加入煮沸的水中融化,然后加入葡萄糖,文火煮溶化后趁热分装入管。此种培养基是木生型菌种复壮的理想培养基。

配方 15:日本母种培养基

米糠 50 g,磷酸二氢钾 0.3 g,磷酸氢二钾 0.3 g,硫酸镁 0.2 g,葡萄糖 5 g,琼脂 20 g,水 1000 mL。

制作方法:同配方 12。

配方 16:德国母种培养基

麦芽浸膏 5 g,大豆粉 10 g,蛋白胨 1 g,磷酸二氢钾 0.5 g,硫酸镁 0.5 g,1%的氯化钠溶液 1.0 mL,酵母膏 0.1 g,琼脂 15 g,水 1000 mL。

制作方法:同配方 14。

3. 培养基分装

培养基溶化、定容、混匀后进行分装;趁热分装试管,装量为试管长度的 1/5~1/4。注意不要使培养基残留在试管口壁上,若有沾上,应及时擦净试管口的内外 3 cm 处,然后塞上棉塞。棉塞的直径应比试管口略大,呈上大下小的形状,长 3~4 cm,要求 2/3 塞入试管, 1/3 留在试管口外,松紧适度,以手捏棉塞提起试管而不脱落为宜。再将 8~10 支试管扎成 1 捆,外面包上报纸或牛皮纸,立即放入高压灭菌锅灭菌。

4. 高压灭菌

先将灭菌锅内的冷空气排净,关闭放气阀,加热升温升压,当压力表在 0.11~0.12 MPa 时,维持 20~30 分钟。待压力降至零时,打开放气阀,开启灭菌锅盖。

然后摆放斜面,方法为试管冷却至 65 ℃左右时,摆成斜面。斜面长度以顶端距棉塞 40~50 mm 为标准摆放,以防止培养基沾染棉塞造成污染。

灭菌效果的检查方法:灭菌结束后,在锅内的不同位置,随意抽取若干支试管,贴上标签,置于 25~30 ℃下培养 48 小时。如果所有试管培养基表面和内部均无任何变化,则表明灭菌效果良好,可供接种使用。如果个别试管培养基出现了杂菌菌落,这就要做具体分析。

可能是在摆放试管时放得过密，导致蒸汽排出不畅，或锅的结构不合理等原因所致，应根据具体情况进行改进。如果是大部分或全部试管培养基上出现杂菌的菌落，基本上可以判断是由于温度不适或灭菌时间不够，这时就要提高灭菌压力、延长灭菌时间。经多批灭菌和检验后，培养基都能达到彻底灭菌的要求，以后再用同样的培养基和同样的灭菌方法时，则可不必每批都进行检验。

5. 母代母种的培养

当分离的杏鲍菇组织块长出菌丝 0.5~1.0 cm 时，用经火焰灭菌并冷却的接种刀将先端菌丝切成 0.5 cm × 0.5 cm 的小方块，略带培养基，转接到新的斜面培养基中。刚移接的母种的培养温度在前 3 天应调至 25~26 ℃；第 3~7 天温度控制在 23~25 ℃；7 天后应降温至 20~23 ℃，以后降温至 16 ℃，这样培育出的母种生命力较强壮。

母种的检验分为日常检查和质量鉴定。日常检查主要是查看菌丝生长的速度、形状、色泽、分泌物，以及有无污染菌落。发现污染菌落或其他红、黄、蓝、青等颜色者一律剔除。菌丝的生长速度远高于常规食用菌生长速度的，也应予以剔除。正常的杏鲍菇菌丝为贴生型，也可见丝状气生菌丝，菌丝长势健壮，绒毛状、均匀、洁白、放射状，菌落舒展，边缘较整齐，不分泌色素，镜检时可见菌丝细胞中有 2 个细胞核，在横隔外有锁状联合。在 23~25 ℃下培养，菌丝 7~8 天可长满试管斜面，最好通过栽培实践，即出菇试验进行质量鉴定。

6. 子代母种的扩大和培养

母种经过分离、提纯、出菇试验确定为生产用种后，为了适应生产栽培需要，要进行母种的扩大、繁殖。

接种前，将试管斜面、菌种、接种用具等物品一并放入接种室或接种箱、超净台。然后用药物熏蒸消毒（7~8 mL 甲醛+5 g 高锰酸钾或气雾消毒剂）、药液喷雾消毒（5%苯酚液或来苏水喷雾）、紫外线灯辐射消毒，3 种方法交替使用，以保证高度无菌状态。接种人员按无菌操作规程操作。操作要点如下。

（1）先用肥皂清洗双手和手腕部，在缓冲室更衣，进入接种室后再用75%的酒精棉球擦拭双手和操作台面、菌种管壁和接种工具。

（2）点燃酒精灯。右手持接种钩，首先在酒精中浸蘸一下，然后在火焰上方灼烧将顶端烧红，并将整支接种钩过火几次。

（3）将菌种和斜面培养基两支试管用左手大拇指和其他四指握在左手中，使中指位于两试管之间，斜面向上，并使它们呈水平位置。在酒精灯火焰上方用右手无名指和小指拧转拔下试管斜面棉塞，夹于右手指间，用酒精灯火焰封口双管。

（4）将接种针靠在试管内壁冷却，然后挑取（3~5）mm×（3~5）mm大小的菌丝琼脂块，通过酒精灯火焰上方迅速移接到空白斜面中央，把棉塞过火烤至微焦，塞回已接种的试管口上，完成一支试管母种的接种。

（5）右手用接种针再伸入原始管内挑取原始菌种块，并持住原始一级种试管，保持火焰封口状态，左手将接种好的试管放下，再新取一空白试管，重复上述操作，直至原始一级种用完为止。

接种操作注意事项：

（1）酒精灯火焰高度要足够高，制造一个较大的无菌区，接种操作要在火焰上方无菌区域进行，在这个区域接种是安全的。

（2）棉塞在接种时要夹于右手指间，不可放在操作台上，掉在地上的棉塞绝对不能使用。

（3）每接种一次，接种铲都要经过火焰快速转动，轻轻烧一下，但不可过热。当一支斜面菌种接完后，接种铲要彻底灼烧一下。

（4）每次分离转管后，要贴上标签，标明菌号、日期、袋数等，置培养箱（室）培养。必要时菌种须进行低温保藏。

（5）操作要到位，注意动作轻盈、敏捷、快速、准确，避免动作过大；接种后要及时做好清洁，打开门窗，排出废气，关闭门窗，用紫外线灯消毒。

（二）杏鲍菇原种的扩繁

原种是母种的延伸繁殖，是一级种的延续。原种的接种是采用母种作为种源，将母种的菌丝移接在原种菌瓶内的培养基上培养出菌丝体。每支母种可扩接原种4~6瓶。原种主要用于扩大繁殖栽培种，也可直接用于栽培生产和出菇试验，但成本较高。原种的扩繁程序与方法如下。

1. 谷粒原种制备方法

谷粒（小麦、玉米粒、谷子、高粱等）菌种的原料来源广，营养丰富，成本低，而且制作方法简便。谷粒菌种长满瓶的时间一般能比木屑等常规培养料少10~15天，并且菌丝洁白、粗壮。使用谷粒菌种接种用量少，操作方便。接种后，菌丝萌发快、萌发点多、长势旺，遇机械损伤后，菌丝能较快地恢复生长，有利于提高接种成活率。

（1）谷粒原种配方

• 麦粒菌种

选料配方：选取无发霉变质、无虫蛀的陈小麦；辅料为杂木屑、米糠、麦麸等，均应新鲜无霉变。可选配方包括：①谷粒（小麦、谷子、高粱）98%，碳酸钙1%，石膏1%；②谷粒93%，杂木屑或棉籽壳5%，石膏粉2%；③麦粒88%，棉籽壳10%，石膏1.5%，石灰0.5%；④麦粒88%，木屑5%，麸皮5%，石膏2%；⑤麦粒85%，木屑（或砻糠）10%，麦麸3%，石膏1.5%，食盐0.5%；⑥麦粒85%，阔叶树木屑14%，石膏1%。

浸泡蒸煮：将选好的麦粒（谷粒）淘洗去瘪，再用1%的石灰水浸泡。水温在20 ℃以上时浸泡14小时左右，15 ℃以下时可延长至20小时。浸泡后的麦粒经清水冲洗后立即入锅蒸或煮熟，麦粒要熟而不烂，无破粒。麦粒煮好捞出，摊晾在遮阳网或草席上，沥干至无水滴时拌入填充辅料混匀。

麦粒的含水量控制在45%~50%为宜，在实际生产中以稍干为佳。如果过湿，瓶底麦粒易吸湿破皮而析出淀粉，造成灭菌时瓶底部糊化，致使菌丝难以蔓延生长，并易引起细菌污染；如果过干，菌丝生长缓慢无力、稀疏。

• 玉米粒菌种

选料配方：玉米粒要求完整无损，表面有光泽、无霉变、无虫蛀、未发芽。先将选好的玉米粒放在较结实的布上包好，用铁锤或较硬的工具轻轻砸开，但不要太碎，一粒玉米粒碎成4~5块为宜。在泡水前还应进行一次清洗，除去浮在水面的玉米粒。可选取配方包括：①玉米粒70%，杂木屑25%，麦麸4.4%，石膏0.6%；②玉米粒90%，杂木屑5%，麦麸3%，石膏2%。

浸泡蒸煮：玉米粒的含水量需要达到55%左右才适宜菌丝生长。所以要把玉米粒浸泡在凉水中12小时后用手掰开查看，如有白心，说明未吸足水分，还应延长浸泡时间。充分吸水膨胀后的玉米粒的中心有少量白心时，捞出冲洗，稍晾片刻，加入3%的石膏粉拌匀后直接装瓶。

采用蒸煮法制作玉米粒，一般浸水12小时后，再在锅中蒸煮30~40分钟。蒸煮中要多次上下翻动，当出现有极少的玉米粒开始胀裂外皮时立即捞起，沥干水分后拌入辅料，分装入瓶。

• 稻谷粒菌种

选料配方：选取新鲜、无腐烂、无霉变、无破壳、无虫蛀、颗粒饱满的稻谷粒。可选配方包括：①稻谷97%，石膏3%；②稻谷95%，石膏2%，棉籽壳3%；③稻谷50%，棉籽壳40%，麦麸8%，石膏1.5%，石灰0.5%；④稻谷96.5%，糖2%，石灰1%，磷酸二氢钾0.3%，硫酸镁0.2%。

浸泡煮制：稻谷粒煮制前需要至少浸泡10小时，否则即使长时间煮，也达不到所需的含水量。稻谷粒煮至熟而微开，一般掌握有10%左右谷粒破壳时，即可起锅。首次制备，在煮前和煮后称重，测定含水量在55%~60%为宜。含水量如果偏低影响菌种质量，甚至不能使用;如果偏高则菌丝生长缓慢,后期容易出现黄曲霉、绿霉等杂菌。

(2)装瓶灭菌

菌种瓶选用规格为 650~750 mL 的玻璃瓶或塑料瓶,其特点是瓶口大小适宜,便于操作,利于通气又不易污染,适合菌丝生长,也便于观察。装瓶的松紧度直接影响菌种的质量,装填过紧影响菌丝生长速度,装填过松则菌丝易衰退,影响活力。谷粒菌种的装料控制在菌种瓶体积的 3/4 左右。用玻璃瓶装料时,要边装边摇,然后用菌种锄将料压实,一般应上紧下松。用干布擦净瓶口,塞上棉塞或用聚丙烯双层膜封口,用线绳扎牢。为了防止棉塞受潮污染,原种、栽培种多用牛皮纸或报纸包住棉塞,用棉绳扎紧。菌种瓶装入灭菌锅内,瓶口向上倾斜,最好上盖一层牛皮纸,防止灭菌后冷却,水湿透棉塞。

原种瓶装瓶后应当天灭菌。

高压灭菌过程如下。

- 排放冷气

装锅后关闭锅门,拧紧螺杆。加热升压,当压力达到 0.05 MPa 时,打开排气阀放气。当锅内冷气排尽后,再关闭排气阀。冷气排放程度与灭菌压力关系极大。

- 灭菌计时

当锅内压力达到预定压力 0.15 MPa 、温度在 122 ℃时,进入蒸汽灭菌阶段,从此开始计时,维持 100~120 分钟。

- 关闭热源

灭菌达到要求的时间后关闭热源,使压力和温度自然下降。灭菌完毕,不可人工强制排气降压,否则原种瓶会由于压力突变而破裂。当压力降至 0 位后,打开排气阀,放尽饱和蒸汽。放气时要先慢排,后快排,最后再微开锅盖,让余热把棉塞吸附的水汽蒸发。

- 出锅冷却

灭菌达标后,先打开锅盖徐徐放出热气,待气体排尽时,取出料瓶排放于经消毒处理过的洁净冷却室内冷却，待料温降至 28 ℃以下时转入接种车间。

常压灭菌一般待锅内温度达到 100 ℃后，保持 12~16 小时。注意开始加热要猛，升温要快，达到 100 ℃维持温度要稳，最后停火焖 12 小时以上。灭菌结束后，使菌种瓶缓慢降温冷却，以防瓶内的湿热气形成大量冷凝水，造成局部谷粒吸湿胀裂。

（3）接入菌种

• 检查母种

在扩繁原种前，首先检验用于扩繁原种的母种，认真进行“三看”：一看标签，试管上的标签是否符合所需要的品种；二看菌丝，菌丝是否有退化或污染杂菌，若有则弃用；三看活力，菌龄较长的菌种，斜面培养基前端部位菌丝干涸、培养基皱缩、老化菌种最好不用。如果是在冰箱中保存的母种，要提前取出，置于 25 ℃以下活化 1~2 天后再用。若是在冰箱中保存超过 3 个月的母种，最好转管扩接培养一次再用，以利于提高原种的成活率。

• 接种前消毒

母种对外界环境的适应性较差，抵抗杂菌的能力不强，所以转接原种时，必须在接种箱或超净台内进行，并且要严格执行无菌操作，才能保证原种的成活率。因此，必须在接种前 24 小时，将接种箱进行熏蒸消毒。按每立方米空间用气雾清毒剂 2~3 g 的比例，点燃后产生气体杀菌；或用甲醛液和高锰酸钾混合产生的气体消毒。

待菌种瓶（袋）内的温度降至 28 ℃以下，用清洁的纱布或毛巾蘸 0.1%的高锰酸钾或新洁尔灭溶液擦净菌种瓶外壁，接种工具用脱脂棉蘸 75%的酒精擦拭消毒，然后放入接种室或接种箱。

接种室和接种箱采用药物熏蒸为宜。用陶碗或小瓷盆盛放，按每立方米空间用甲醛 20 mL 加高锰酸钾 5~7 g 的比例进行熏蒸，密闭接种箱 30~40 分钟后开始接种；或用氯胺类消毒产品，比例为每立方米空间 3~4 g，放在陶瓷容器中，暗火点燃，氯胺受热后发生分解反应,产生氯气、次氯酸气体熏蒸杀菌, 20~30 分钟后即可接种;也可用紫外线灯灭菌 20~30 分钟,注意用报纸包裹或纱布遮盖母种菌种,以免伤害菌丝。

• 无菌接种

工作人员更换工作服,洗净手,并用 75%的酒精棉擦拭双手、接种工具和母种试管外壁,然后将酒精灯点燃。除去母种试管棉塞,用火焰封住母种试管管口;再将经灼烧灭菌的直角形接种刀放入母种试管内,待接种刀冷却后,将母种斜面横切成 5~6 块,然后在酒精灯火焰上方打开原种培养瓶棉塞,管口与瓶口紧贴,将母种试管中的培养基块接入原种瓶。接种刀经灼烧后放回架上,再调换下一个瓶,依次操作直至料瓶全部接完,贴好标签。

若使用接种箱接种,双人接种箱每箱放入灭菌后的装料培养瓶,分两边放置,每边 80~120 瓶;单人接种箱每箱可装培养瓶 60~80 瓶。需要注意的是夏季气温较高,扩制二级种时往往随着接种时间的延长,接种箱内温度上升,经常会超过杏鲍菇菌丝所能承受的极限温度,接种后菌丝不易恢复。

(4)发菌培养

接种后将菌种瓶瓶口朝上,竖放在架床上培养,室内维持弱光和良好的通风,温度保持在 25~27 ℃。恒温培养 1 天后,在 25 ℃恒温下培养至发满瓶。接种后 3 天进行第一次检查,如发现污染菌瓶及时拣出。一周后菌丝长满料面,可以开始摇瓶。每隔 3~5 天摇瓶一次,将菌种块充分摇碎,使其均匀分散于培养料中,保证菌丝发育均匀。当菌丝快要长满菌种瓶时,将培养室温度降低 2~3 ℃,促使菌丝更加健壮。一般 500 mL 菌种瓶 25 天后菌丝长满(250 mL 菌种瓶需要 15 天, 100 mL 菌种瓶需要 10 天),继续巩固培养 3~5 天方可使用。当菌丝长满后,注意在低温、干燥、遮光条件下保藏。

如下注意事项需要特别关注。

谷粒浸泡时间过长,会导致含水量过高,培养的菌种易吐水发黄;浸泡时间过短,谷粒中心仍呈干燥状态,影响灭菌效果。

谷粒水煮的目的是调节含水量,使之均匀一致,以谷粒膨胀、未破裂为宜。煮的不熟,则谷粒含水量不均匀,造成灭菌不彻底;煮的过烂,谷粒表皮破裂,淀粉外泄、结块,也会使灭菌不彻底,易导致杂菌污染。特别是在高温季节,培养基易出水或液化,严重影响菌种的质量。

水煮后的谷粒需要晾干,使表面的水分蒸发,若摊晾时间过短,谷粒黏结成块,致使灭菌不彻底,同时在培养菌种时易造成菌种瓶的下部含水量过高,透气不良,菌丝生长不好。若气温较高,应尽量摊薄,以避免煮熟的谷粒变质。

若烧煮时间过长,籽粒有破裂,可加入些米糠、麸皮、棉籽壳调节含水量,既避免籽粒粘连,又增大谷粒间空隙,使培养基疏松透气,同时降低生产成本。

谷粒培养基刚制好后较松散,接种后要垂直放,等菌丝封面后再将菌种瓶卧放,可提高架子利用率,还可以防止水分沉积在瓶底影响发菌。

谷粒菌种长满 3 天后活力最强,不能放置时间太久,否则易老化,降低质量,因此一定要根据栽培计划安排生产,保持适宜菌龄。

2. 代料原种制备方法

(1)培养基配方

配方 1:棉籽壳 90%,麦麸 8%,糖 1%,石膏 1%,水 60%~65%。

配方 2:棉籽壳 83%,玉米混合粉 15%,白糖 1%,碳酸钙 1%,水 60%~65%。

配方 3:棉籽壳 80%,木屑 10%,米糠 8%,红糖 1%,碳酸钙 1%,水 60%~65%。

配方 4:棉籽壳 40%,杂木屑或野草粉 38%,麸皮或米糠 20%,红糖 1%,石膏 1%,水 60%~65%。

配方5：阔叶树木屑77%，米糠或麸皮20%，蔗糖1%，石膏1%，碳酸钙1%，水55%~65%。

（2）培养料的配制

木屑使用前过筛，拣除带刺的树枝、碎木片，以免刺破塑料袋。棉籽壳应新鲜干燥，挑出结块、发霉的棉籽壳。

按配方称取干燥的棉籽壳、木屑和米糠、麸皮等辅料充分拌匀。蔗糖、过磷酸钙等微量辅料，可先加少量水溶解后，再混入所需水量的2/3，边喷洒边拌料，培养料拌匀后补足水分，达到全面、均匀后，堆成小堆，待水分渗透1小时后及时装瓶或装袋。在高温季节，从拌料到灭菌不能超过4小时，低温季节不过夜，防止料变酸。在含水量的掌握方面，如果木屑质地偏硬、偏细，场地环境偏湿，含水量应偏干些，反之则应偏湿些。棉籽壳应充分吸水，否则会影响培养料的灭菌效果。

（3）装袋（瓶）灭菌

玻璃菌种瓶要洗干净，塑料袋用前要检查质量。菌种袋可选用（15~17）cm×（30~33）cm×0.06 mm的聚丙烯折角袋装料，袋口加直径2.5~3.0 cm的海绵塞套环及无棉盖体。

采用人工装袋（瓶），要边装料边用力压实、压平料面，袋（瓶）内的培养料要上紧下松，松紧适度。木屑、玉米芯粉、稻草粉、豆秸粉等要轻轻挤压，从外可见培养料颗粒间稍有微小间隙为度，颗粒较大的碎稻草、碎麦秸则要用力反复挤压，使培养料之间没有空隙，以利于菌丝的联结。从外观看菌袋（瓶）壁与料紧贴，不出现间断或裂痕。

菌种瓶装料高度至瓶肩，上表面距瓶口（50±5）mm。装好料后，在料中间从上到底用打孔棒打孔，以增加培养料中氧气，促进菌丝生长。擦净瓶口内外，以棉塞或双层高压聚乙烯膜封口。菌种袋装料量应至袋高3/4左右为宜，使用套环加棉塞（或无棉盖体）封袋口。

灭菌方法同谷粒原种，灭菌时间应根据原料和菌种瓶数量进行相应调整。木屑等代料培养基在0.12 MPa下灭菌2小时，或

0.14~0.15 MPa 保持 1 小时。如果装容量较大时,灭菌时间要适当延长。

(4)接种

代料原种接种的方法与谷粒原种基本一致,区别是接入的母种要紧贴接种穴内,以利于母种块萌发后尽快吃料、定殖。

(5)发菌培养

• 调控适温

菌种培养室的温度控制,应满足杏鲍菇最适宜温度。由于菌丝生长发育过程中,其自身的呼吸作用会使培养料的温度高于环境温度 2~3 ℃,因此菌种培养的温度掌握在 23~25 ℃为宜。

培养室升温的方法很多,如太阳能升温,暖气、空调和取暖炉升温等,生产者可根据自己的经济情况,选择适宜的升温方式。如果是利用取暖炉升温,要安装烟囱或将炉子放在培养室外,以免产生有害气体,对菌丝生长造成不良影响。

培养室的降温可采用空调、遮阳和通风等方式。启动空调时,风量不宜过大,而且要求培养室的空气洁净度高,否则易由空气尘埃的流动导致污染。采用遮阳降温时,可在培养室的屋顶搭盖遮阳物,也可在室外挂草帘。

• 湿度适宜

菌种培养室要求干燥洁净,室内相对湿度控制在 70%以下。高温季节尤其要注意除湿。采用空调降温的同时可以除湿。除湿还可以采用通风和石灰吸附方法。石灰可撒在地面和培养架上。石灰不仅可以吸附空气中的水分,同时还是很好的消毒剂。利用石灰除湿时,要在培养室使用前两天撒好石灰,以减少培养期间菌种的搬动和培养室空气中的粉尘污染。遇到低温、高湿的气候,可采取加温排湿。

• 避光就暗

杏鲍菇菌丝生长不需要光线,或仅需要微弱的散射光。因此,培养室要尽量避光，门窗应挂遮阳网。特别是培养后期，上部菌丝比较成熟，见光后不仅会引起菌种瓶内水分蒸发，而且容易形成原基。

• 通风换气

菌丝生长需要充足的氧气，因此培养室要定期通风换气，以增加氧气，有利于菌种正常生长。

• 定期检查

原种在培养期间要定期进行检查。一般分4个阶段：接种后4~5天进行第一次检查；表面菌丝生长满之前进行第二次检查；菌丝长至袋（瓶）肩下至瓶的1/2深度时进行第三次检查；当多数菌丝长至接近满瓶时进行第四次检查。每次检查的重点是观察菌丝的长势与杂菌污染，一经发现或怀疑应立即淘汰处理，确保原种纯菌率达100%。经过4次检查一切正常，才能成为合格的原种。

• 掌握菌龄

原种培养时长即菌龄，因品种和培养基质的不同，其差异较大。一般在本品指定的温度范围内培养，以菌丝长满袋（瓶）为标准。按NY/T 528—2002《食用菌菌种生产技术规程》，木屑或棉籽壳等代料培养基的原种菌丝比谷粒菌种生长慢，一般为40~50天。

（三）杏鲍菇栽培种的扩繁

1. 制袋接种

（1）代料栽培种制作

• 把握好制种期

栽培种也称为生产种，由于用量大，一般是用塑料袋作为容器。制作方法可参考原种代料菌种制作方法。栽培种菌龄要求不幼不老，所以事先要以其栽培生产最佳的接种时间为基数计算。如果制种过早，菌龄太长，菌种老化，影响成活率；若过晚，生产季节已到，而栽培种菌丝尚未长满菌袋，菌种过幼，影响生产接种量。大多数杏鲍菇菌袋生产季节在8~9月份，菌袋长满需要30~40天，制原种和栽培种时应分别比菌袋的生产时间提前70~80天和40天。因此,原种生产时间应在5~6月份进行,栽培种生产在6~7月份进行。

栽培种的培养料配方,装袋、灭菌的方法与代料原种制作的方法相同。

• 接种培养

原种使用前要认真检查,对杂菌污染或菌丝发育不良的菌种,应挑出不用。检验合格后,搬进无菌室或接种箱内拔掉瓶塞,用酒精棉球擦拭瓶口。接着,用接种铲除去原种表面出现的老菌皮和原基,并用酒精棉球擦净瓶壁内的残留物,用已灭菌的牛皮纸封塞、包捆瓶口,以除去可能潜伏在棉塞上的杂菌孢子,提高栽培种的成品率。

栽培种的接种操作与原种接种方法基本相同,稍微不同之处为接种工具由接种刀换成接种铲或接种匙,试管母种换成原种。先将原种瓶置于酒精灯火焰上方,取下棉塞或封口膜,以火焰封住瓶口,用镊子夹一团蘸过75%酒精的棉球擦净瓶口内壁,进行消毒;接种铲灼烧后伸入瓶中,将菌丝体挖松,如果是木屑培养基原种,应挖成蚕豆大小;麦粒原种则应打散成粒状;而蔗渣、棉籽壳培养基的原种,则用长柄镊子直接夹取。将栽培种菌袋靠近酒精灯火焰,拔掉棉塞或解开袋绳结,用接种铲或镊子取出原种,移接袋内。接种铲用毕,随手放回原种瓶内。将栽培袋的棉塞过火焰后回塞至栽培袋或用短绳扎好袋口,竖放在接种台的左边。如此直至接完一批栽培种。每瓶原种一般可扩接栽培种50~60袋(瓶),麦粒原种可扩接80~100袋(瓶)。

(2)枝条菌种制作

采用竹签或木条为原料制作的栽培种,称为枝条菌种。在接种时可以不打接种穴,只要把发菌培养好的枝条直接斜插入栽培袋即可,既简化了工序,又能加快菌种的发菌速度,降低杂菌污染率。

枝条选用阔叶树硬杂木为佳,不宜选择富含芳香物和油脂的松树、杉树、桉树等的枝条。将枝条裁成长度为8~16 cm、宽厚直径为

0.1~2.0 cm，一端削成斜面，另一端为平面。后将枝条用石灰水浸泡24小时，让枝条吸足水，并且要调整好pH值。将麦麸或米糠加水调至含水量60%，然后将枝条装入罐头瓶或塑料菌袋，边装枝条边用湿麸皮填入间隙，装满后表面再盖一薄层麦麸。枝条与常规料混在一起的比例为3：1，这样既可以填充空隙，又可以作为菌丝生长媒介，有利于菌丝长入枝条，加快发菌速度。菌种瓶口用薄膜封扎，袋口上好套环，袋（瓶）口以棉花塞口。按常规灭菌，接种培养。

2. 栽培种的培养

（1）培养室净化

栽培种生产数量比原种多40~50倍，培养室消毒是否彻底直接关系着菌种的成品率。栽培种培养室事先要进行清扫，通风2~3天后，进行消毒处理。消毒用品可使用经原国家农业部批准的食用菌专用无公害气雾消毒剂。消毒时先用清水喷湿菌种室地面及架床，使空气相对湿度达到85%以上，然后用火点燃气雾消毒剂，产生大量气体和烟雾，利用烟气压力迅速渗透菇房全部方位，有效杀灭危害极大的绿霉、链孢霉等杂菌。

（2）发菌

• 摆袋

接种后的栽培种在培养室内排放培养。排放方式有两种：一是直立排放，将菌袋（瓶）坐地或排放于培养架上，要求横行对齐，每平方米摆放菌袋（瓶）25个；另一种摆放方式是菌袋墙式堆叠，菌袋堆叠时袋口方向和门窗方向要一致，袋口朝外。双排叠放或单排叠放堆叠成行，行与行之间留一条通风道。

• 控温

培养室要求温度恒定。在菌种培养过程中如何做好度夏、越冬的保温与升温，是菌种培养管理的一项重要技术。

夏季降温：专业性菌种培养室必须安装温控传感器与制冷机降

温，根据品种温型调节温度。无条件安装空调的农户，需要在培养室房顶遮阴。为了加速瓶内菌丝呼吸热散发，室内应设电风扇、换气扇，加速热气外排。在场所较大的地方，可将菌种瓶竖放于室内水泥地面上，采取稀排散热，避免菌温骤增。如果场地有限，菌种袋可堆叠于地面，通过强制排风，把堆温控制在 28 ℃以下。

冬季升温：菌种室内应安装暖气片升温，也可采用空调、电炉升温。如果用取暖炉升温，应设排气筒排气于室外。同时要注意，菌袋内的温度一般会比室温高 2~3 ℃，因此升温时要注意，比适温调低 2~3 ℃为宜。随着菌丝的生长，菌温也逐步上升，因此在适温的基础上，每 5 天应降低 1 ℃，以利于菌种正常发育。

• 调湿

培养室要求环境干燥、空气相对湿度低于 70%。多数杏鲍菇菌种培养室内自动控制条件较差，受自然条件影响，室内相对湿度变化较大。在湿度过大的情况下，气温低时可通过培养室内的空调、电炉加热除湿；高温时通过排风扇等通风降低湿度，以防棉塞受潮滋生杂菌，平时在室内定期撒上石灰粉吸潮。在湿度过低的情况下，可通过室内挂湿布或经常拖地等办法来增加空气相对湿度，以免影响菌丝的生长发育。室内不可喷水，因偏湿容易引起杂菌污染。

• 通风

在杏鲍菇菌种培养过程中应经常通风，以免菌丝仅在袋内培养基的外层生长，内层仍然是未分解的培养料。冬季用取暖炉升温时，通风可防止室内二氧化碳沉积，伤害菌丝。菌种袋排列密集的培养室内，要有窗户通风，屋顶安装排气风球促使空气对流。

• 避光

菌丝在营养生长阶段均不需要光线，菌种最好在避光条件下培养。光线较强的场所，容易使菌丝体由营养生长转入生殖生长而出现原基，产生菌被，消耗养分，过早转入生理成熟期，导致菌种老化。

（3）检查

栽培种在培养阶段需要进行多次检查，发现杂菌污染要及时处理，确保菌种纯正。如有杂菌潜藏于培养基内生长至菌种育成，当用于生产接种时就会产生严重的危害。

栽培种进入培养室后，头3~4天进行第一次检查，主要检查接种后的原种菌丝是否萌发定殖；第6~10天进行第二次检查，主要观察菌丝长势及污染情况，对未萌发成活或生长不良的菌丝应及时处理，尤其是发现瓶口棉塞污染的菌种袋（瓶），尽快用塑料袋或报纸裹住，清出培养室。以后每隔7~10天进行一次检查，观察菌丝生长状况。在检查的同时要调节菌种袋的摆放位置，压在下面的菌袋生长较缓慢，应及时将下面的菌袋翻到上面，上面的菌袋调到下面，调位有利于恢复下面菌丝的正常生长。如此反复翻堆，可使上下菌袋中菌丝的生长均衡，整个培养期间需要翻堆3~4次。

菌种检查应严格细致，对疑似污染的菌袋（瓶）也应挑出淘汰，不能做菌种使用。塑料袋制的栽培种无固定体积，每次检查菌种时有些操作人员习惯于拿住袋口，提起又放下，这两个动作会造成袋口内外气压差，强制气体交换，袋口套环又无固定形状，棉塞未能和套环紧紧接触，因而杂菌就“趁虚而入”，造成后期污染，因此，拿放时不要提拉袋口。

五、菌种保藏

菌种保藏的目的是在长期贮存后，依然保持其原有的活力、优良的农艺性状，以及不污染杂菌和不发生虫害。菌种保藏的原理是通过低温、干燥、隔绝空气（真空）和断绝营养等手段，最大限度地降低菌种的代谢强度，或使其处于休眠状态，抑制菌丝的生长和繁殖，从而保存较长时间。有关菌种保藏的方法很多，这里介绍几种简易方法。

1. 低温斜面保藏法

这是一种最常用的菌种保藏方法，首先需要将菌种移接到 PDA 培养基上，为了减少培养基水分散发，延长保藏时间，在配制时琼脂用量加至 2.5%，再加入 0.2%的磷酸氢二钾、磷酸二氢钾及碳酸钙等缓冲剂，以中和保藏过程中产生的有机酸。菌种接种后置于适宜温度下，培养至菌丝长满斜面，然后选择菌丝生长健壮的试管，用保鲜膜包扎好管口棉塞，低温存放。

也可以用无菌胶塞代替棉塞，既能防止污染，又可隔绝氧气，避免斜面干燥。具体做法是，选择大小合适的硅胶或橡皮胶塞，洗净晾干，在 75%的酒精中消毒 1 小时后，用无菌纱布吸去酒精，在火焰上方烧去残留的酒精液；于无菌条件下拔出棉塞，将试管口在火焰上灼烧灭菌，换上胶塞；再用石蜡密封，放入 4 ℃左右的冰箱保存，每隔 3~4 个月转管 1 次。如果用胶塞石蜡封口，转管期可延迟至 6 个月。

2. 矿油保藏法

在菌苔上灌注一层无菌的液状石蜡（矿油），使菌种与外界空气隔绝，达到防止培养基水分散失，抑制菌丝新陈代谢，推迟菌种老化，延长保存时间的目的，此方法也称为隔绝空气保藏法。具体操作如下。

选用化学纯液状石蜡 100 mL，装入 250 mL 锥形瓶内，瓶口加棉塞，放入灭菌锅，以 0.103 MPa 压力灭菌 30~60 分钟；然后置于 160 ℃的烘箱中处理 1~2 小时，或置于 40 ℃温箱内 3 天左右，见瓶内液状石蜡呈澄清透明，液层中无白色雾状物时即可，其目的是将灭菌时进入瓶内的水分蒸发。

然后在无菌条件下，将液状石蜡注入斜面菌种上，液面要高出斜面顶端 1 cm 左右，最后直立放置在洁净贮藏室内，并在室温下储存。使用菌种转管时，直接用刀切取一小块菌种，移接到新的斜面培养基中央适温培养，余下的菌种仍在原液状石蜡中保存。

以下注意事项需要特别关注。

因经贮藏后的菌丝沾有石蜡，生长慢且弱，须再一次继代转接方可使用；贮藏场所应干燥，防止棉塞受潮发霉；定期观察菌种，凡斜面暴露出液面，应及时补加液状石蜡。也可用无菌橡皮塞代替棉塞，或将棉塞外露部分用刀片切除，蘸取融化的固体石蜡封口，以减慢蒸发。此法保藏时间可达 1 年以上，有的可达 10 年，方法简易、效果好。

3. 枝条种保藏法

选取直径 1~1.5 cm 的阔叶树枝条，截成 1.5~2.0 cm 长，晒干备用。使用时将枝条在 5%的米糠水中浸泡 12 小时，吸足水分。拌好木屑培养基，按枝条与木屑培养基以 3 ∶ 1 的体积比混匀；装入大试管或菌种瓶内，并在表面覆盖一薄层木屑、压平；清洗管壁。按常规法进行灭菌、接种、培养。待菌丝长好后，置于常温下或冰箱内保藏。

4. 木屑种保藏法

配料按 78%木屑、20%麦麸、1%蔗糖、1%石膏粉比例，加适量水拌匀；装入试管长度 3/4，洗净管口，塞好棉塞，用牛皮纸包好管口；置于 0.103 MPa 高压灭菌 40 分钟；接种后在 25 ℃下恒温培养。待菌丝长至培养基 2/3 时取出，以胶塞替换棉塞，或用石蜡将棉塞封好，包上塑料薄膜，放入 4 ℃的冰箱内，能保藏 1~2 年。使用时从冰箱取出，置于 25 ℃的恒温箱内培养 12~24 小时活化。

5. 液氮超低温保藏法

将要保藏的菌种切成小块，密封于盛有保护剂的冻存管里，经降温预冻后，存放于-196~-150 ℃的液氮罐中保藏。在超低温下，菌丝体的细胞代谢活动降低到最低水平，甚至休眠，能保存数年至数十年，适用范围广，不发生变异。

6. 菌种保藏注意事项

一般母种在(5±1)℃下贮存期不超过3个月。原种、栽培种满袋(瓶)后应尽快使用。在室温不超过25℃、空气相对湿度50%~70%、干燥通风、避光的室内,谷粒种存放不超过10天,其余培养基的栽培种存放时间不超过20天;在4~6℃下,原种贮存期不超过45天。

(1)调整营养

保藏的母种应选择适宜的培养基,其配方一般要求含有机氮多,含糖量不超过2%,这样既能满足菌丝生长的需要,又能防止酸性增大。

(2)控制温度

必须根据品种的特性,选择适宜的保藏温度。存放菌种的场所必须通风干燥,并要求遮阴,避免强光直射。存放于冰箱中的菌种,其储存温度宜在4℃,若过低斜面培养基会结冰,导致菌种衰老或死亡,过高则达不到保藏目的。

(3)封闭管口

菌种的试管口用塑料薄膜包扎,或用石蜡封闭,以防止培养基干涸和棉塞受潮引起杂菌污染。

(4)用前活化

保藏的菌种因处于休眠状态,在使用前需先将菌种置于适温下让其活化,然后转管培养。

六、菌种质量检测

菌种质量主要包含两个方面的含义:一是菌种本身的性状,即该菌株本身具有的特有优良性状;二是制造质量,包括培养基质的合理配制、技术操作、设备工具、管理水平、场地环境等。

（一）菌种质量的鉴定方法

1. 直接观察

首先用肉眼观察包装是否合乎要求，棉塞有无松动，试管、玻璃瓶或塑料袋（瓶）有无破损，棉塞和试管、菌种袋（瓶）中有无病虫浸染，菌丝色泽是否洁白均匀，有无老化，是否有杏鲍菇特有的香味。

2. 显微镜检查

在载玻片上滴一滴蒸馏水，然后挑取少许菌丝置于水滴上，让菌丝体充分展开，盖好盖玻片，再置于显微镜下观察菌丝是否粗壮、浓密、有锁状联合。

3. 菌丝生长速率测定

将所获得的菌种转接至 PDA 培养皿中央，待菌丝向皿边辐射蔓延时，用直径 0.5 cm 的打孔器，经灭菌后打取边缘菌丝，连同培养基重新接入空白 PDA 培养皿中央培养，每隔 24 小时测定菌落直径，直至菌落覆盖全皿为止，从而求出菌丝平均生长速度。

4. 耐高温测定

先将母种试管数支置于 24 ℃下培养，10 天后取出部分试管在 35 ℃下培养，24 小时后再放回 24 ℃下培养。若经过高温处理的菌丝仍然健壮、旺盛地生长，则表明该菌株具有耐高温的优良特性。

5. 吃料能力的鉴定

将菌种块放在天然的培养基上，若很快萌发，并且迅速向培养料中伸展，说明菌种正常。

6. 生理特征测定

其包括呼吸强度、胞外纤维素酶、酯酶同工酶的测定等。

（二）杏鲍菇菌种质量标准

1. 母种菌丝

母种菌丝在 PDA 斜面上生长健壮、洁白，无夹杂黄、红、绿色点粒或斑块，菌落表面平整、均匀，具有原菌株的菌落形态特征，边缘整齐，不发黄，不老化，培养基无干缩、翘起与脱离管壁。菌龄掌握刚长满 2~3 天即用。

2. 原种、栽培种

原种、栽培种无各种杂菌、虫害，菌丝洁白，均匀、粗壮、浓密，萌发力强，吃料快；无老化、变色、拮抗线、吐黄水、干缩脱壁、形成子实体原基等现象；长满菌丝的培养料有杏鲍菇菌种的特殊香味，如果菌丝气味清淡无香味，或散发出霉、酸、臭等气味，说明菌种染上了杂菌，不能使用。

（三）菌种培养期间常见质量问题分析

1. 接种菌块检查

母种转接原种时，往往出现母种菌块的菌丝不萌发或萌发后不吃料现象，究其原因有以下几种。

操作过程中母种受到过多的损伤，如被未冷却的接种刀、铲烫死，被酒精灯火焰灼伤，或被熏蒸杀菌药物杀死。

母种本身已失去萌发能力，或接种块没有接触到培养料，如悬贴在瓶壁等地方。

菌种培养基太干，配制不合理，酸碱度不适宜，如过酸或过碱，有不良气味物质等。

发现接种块不萌发或萌发后不吃料，应及时查明原因，采取针对性措施予以补救，如补接母种等。

2. 杂菌检查

一般杂菌的生长速度要比杏鲍菇菌丝快得多，而且大部分杂菌的菌丝色泽、形态与杏鲍菇菌丝不同。根据杂菌出现的不同情况,可以推断出不同的感染原因。

菌种瓶中部或底部出现大量各种杂色的污染菌菌落,这往往是由菌种培养基灭菌不彻底引起的。

原种瓶、栽培种瓶口或袋口发生杂菌,这种情况多为接种时消毒不严格,或接种时不符合无菌操作要求引起的。

接种菌块发生杂菌,大多是由接种工具消毒灭菌不彻底引起。

菌种瓶壁或袋壁某处出现杂菌,大多是由玻璃瓶有裂痕,或袋子被刺破出现孔洞引起的。

七、液体菌种

液体菌种是用液体培养基,在生物发酵罐中通过深层培养技术生产的液体形态的食用菌菌种,适合规模化、自动化、流水线生产,相比常规的固体菌种有着独特的优势,成为食用菌制种的发展趋势。目前已使用液体菌种的食用菌有50余种。这项新技术的应用,可使杏鲍菇栽培者从烦琐繁重的手工作坊模式中解脱出来,极大地提高劳动效率和经济效益。

(一)液体菌种的优点

1. 生产周期短

杏鲍菇的固体栽培种从接种到菌丝满袋,一般需要35~40天。而液体菌种的生长周期仅5天左右。因此,可在短时间内培育出大量菌种,满足大规模生产的需要。

2. 菌丝萌发快

液体菌种为小球状菌丝体,还包含大量的菌丝碎片,分散度大,接种后可随培养液下渗到栽培料的深层部位,形成许多萌发点。接种后6小时即可看到菌种萌发、变白，24小时就可吃料生长,使杂菌没有浸染机会。在 25 ℃的条件下，养菌 18~20 天即可长满菌袋，生长期是固体菌种的 50%。

3. 菌龄整齐

固体菌种的菌种块接种在栽培袋的袋口位置，菌丝长至袋底时，其表层菌丝已接近老化，形成菌皮，因此出菇不齐。而液体菌种的菌龄比较整齐一致，并且大多处于旺盛生长期，接种后能迅速恢复生长，菌丝活力强，所以出菇较整齐。

4. 接种方便

对于液体菌种，一般采用专用接种枪接种，把菌液注入瓶（袋）料内，免去了固体菌种接种的复杂操作工序，机械化、自动化程度高，工作效率提高 4~5 倍。

5. 成本低廉

液体菌种省工、省时、省力。据测算，液体菌种制种成本约为固体菌种的 1/10。

6. 提高产量

据报道，用液体菌种生产杏鲍菇的生物学转化率可达 80%~100%，头潮菇产量可提高 17%，总产量提高 4.25%。栽培周期缩短，因而可增加栽培批次，提高菇房的利用率，比固体菌种的效益好。

（二）液体菌种生产的工艺流程

液体菌种因使用培养设备不同，其工艺流程有别。目前较为广泛使用的液体菌种生产流程为：

试管母种培养→摇瓶培养基制作→灭菌→冷却→摇瓶接种→一级种子摇瓶培养→发酵罐清洗→发酵罐空消→发酵罐培养基制作→上料→培养基灭菌→冷却→接种（发酵罐）→二级种子发酵罐（通入无菌空气）→液体菌种接种（栽培袋）→发菌培养→出菇管理。

1. 母种准备

食用菌母种通常在PDA或改良的PDA斜面培养基上培养。长期在冰箱保存的母种必须在新鲜的培养基上转接、活化后才能作为液体培养的种子。也可用当年栽培的子实体进行组织分离，获得纯度高、菌丝健壮、生命力强、色泽纯正的母种。

2. 一级种子培养

（1）一级液体菌种配方

- 马铃薯200 g，葡萄糖20 g，水1000 mL，pH值自然。
- 马铃薯200 g，葡萄糖20 g，酵母膏2 g，蛋白胨3 g，磷酸二氢钾2 g，硫酸镁1 g，维生素B_1 1片，水1000 mL，pH值自然。
- 马铃薯200 g，麦麸30 g，蛋白胨3 g，葡萄糖20 g，磷酸二氢钾2 g，硫酸镁1 g，维生素B_1 1片，水1000 mL，pH值自然。
- 葡萄糖10 g，蛋白胨10 g，酵母膏1 g，磷酸二氢钾1 g，硫酸镁0.5 g，生长素5 mL，水1000 mL，pH值自然。
- 葡萄糖30 g，豆粉20 g，玉米粉10 g，硫酸镁0.5 g，磷酸二氢钾1 g，酵母粉5 g，水1000 mL，pH值自然。
- 蔗糖30 g，天门冬酰胺0.1 g，磷酸二氢钾1.25 g，硫酸镁0.3 g，氯化钠0.5 g，水1000 mL，pH值自然。
- 可溶性淀粉30~60 g，蔗糖10 g，硫酸镁1.5 g，酵母膏1 g，水1000 mL，pH值自然。
- 玉米淀粉30 g，磷酸二氢钾10 g，玉米浆120 g，硫酸镁7 g，水1000 mL，pH值自然。

（2）分装灭菌

准备好500~1000 mL的三角瓶，培养基配制好后，每瓶分装125~250 mL培养基（摇瓶液体培养基装量应为容器体积的1/4左右），再加入10~15粒玻璃珠，瓶口塞棉花，牛皮纸包扎封口。在0.13~0.15 MPa压力、121 ℃条件下，灭菌40分钟。

（3）接种培养

在无菌条件下，将培养好的 PDA 母种培养基 4~5 块（每块 0.5 cm^2）接入三角瓶，于 23~25 ℃条件下在恒温摇床上静置 24 小时，然后振荡培养。通常旋转式摇床转速设定为 140 转/分，往复式为 100 转/分，振幅 6~7 cm。培养 4~7 天后，菌丝体呈球状、絮状等多种形态；培养液呈粉糊状溶液状态，有清香味。摇瓶培养的菌丝体可作为菌种接入种子罐，也可用于发酵罐接种或摇瓶的种子再扩大培养，在较短时间即可完成培养。

生产中，在转接二级液体菌种前，要对一级液体菌种进行取样检测。

• 采用“三看一闻”（看菌液颜色、黏稠度和菌球形态及数量，闻气味）方法进行初筛，除去感染杂菌的三角瓶一级菌种。

• 同批次的液体菌种随机抽样 2~3 瓶，利用显微镜（存放于空气百级净化室内）检测是否存在竞争性杂菌的菌丝体。

3. 二级种子发酵培养

（1）液体培养基配方

• 土豆 20 g/L，麦麸 2 g/L，蛋白胨 0.3 g/L，葡萄糖 2 g/L，磷酸二氢钾 1 g/L，硫酸镁 0.5 g/L，石膏 0.5 g/L，琼脂 2 ~3 g/L，酵母膏 0.5 g/L，消泡剂 0.1 mL/L，pH 值自然。

• 白砂糖 20 g/L，豆粕粉 3 g/L，硫酸镁 0.7 g/L，磷酸二氢钾 0.8 g/L，硅酮乳液型消泡剂 0.5 mL/L，pH 值自然。

• 葡萄糖 30 g/L，玉米粉 1 g/L，黄豆粉 2 g/L，酵母膏 0.5 g/L，磷酸二氢钾 0.1 g/L，碳酸钙 0.2 g/L，硫酸镁 0.05 g/L，pH 值自然。

• 葡萄糖 20 g/L，玉米粉 10 g/L，酵母粉 10 g/L，醋酸二氢钾 0.4 g/L，硫酸镁 0.4 g/L，维生素 B_1 0.2 g/L，蛋白胨 10 g/L，氯化钠 1 g/L， pH 值自然。

• 豆粕粉 2 g/L，蛋白胨 1 g/L， 玉米粉 2 g/L， 酵母浸膏 0.5 g/L，

磷酸二氢钾 0.5 g/L，硫酸镁 0.3 g/L，绵白糖 2 g/L，pH 值自然。

• 玉米粉 20 g/L，废糖蜜 50 g/L，维生素 B_1 0.01 g/L，pH 值自然。

• 玉米粉 50 g/L，维生素 B_1 0.1 g/L，琼脂 0.5 g/L，花生饼 100 g/L，pH 值自然。

依据液体发酵罐的容积按配方计算投料量。其中，玉米粉与黄豆粉加水煮沸腾后计时 20 分钟，用 6~8 层纱布过滤，取滤液加入罐内。白砂糖、豆粕粉、磷酸二氢钾、硫酸镁等其他化学制剂加适量水充分溶解后，直接加入发酵罐内的培养基即可。

（2）发酵罐的清洗、检查

新购的发酵罐或是使用过的发酵罐，在生产前都必须彻底地清洗之后才能投料使用。操作时用自来水管冲刷干净内壁上的菌球、菌块、菌皮、料液及其他污物。检查各个阀门、加热管、电控系统、气泵、压力表等是否正常，如有故障及时排除。

（3）煮罐空消

在启用新罐、上一罐污染、更换新品种，或者发酵罐长时间放置重新使用时，须对罐体内部进行彻底消毒。方法是从进料口加水至视镜中线，扣紧接种盖，关闭接种阀、排气阀，启动加热器加热升温升压，当温度达到 100 ℃时，0.05 MPa 压力下，将接种口排气阀微开，排放罐内冷空气。温度达到 121~126 ℃，压力在 0.12~0.15 MPa 时计时 40 分钟，然后关闭排气阀，焖 20 分钟。待压力降至 0.05 MPa 时，打开接种阀，使罐内的水通过接种管及接种枪排出。放水结束后，再用水从进料口反复刷罐数次，使罐内残存物排放干净，直至排放的水清澈无污染物。关闭接种阀门，将接种枪放在装有 75%酒精的塑料袋内使其无菌，以备接种用。正常连续生产或上一批生产完只需将罐洗净就可以进入下批生产，无须空灭。

（4）罐体加料

按照配方要求，从进料口加入各种原料（加料量为罐容体积的 70%~80%）和消泡剂（食品级，添加量为培养基重量的 0.5%~1%）。

加料高度以高于视镜为宜，加料后关紧进料阀。

（5）灭菌冷却

打开启动开关，当温度达到100 ℃时，微开排气阀，温度达到121 ℃时自动计时40分钟。空气滤芯要提前灭菌，此时可安装上，打开气泵吹干滤芯。在灭菌过程中，为避免阀门处成为灭菌死角，需要在保压过程中每隔15分钟排料一次，共3次，每次排料3~5分钟。

灭菌结束后，发酵罐须进行冷却，由于罐体的结构不同，降温方式有别。一种是将发酵罐的夹层进水阀门打开，利用循环水冷却；另外一种是通过淋水使罐体降温。同时，在火焰的保护下将过滤器进气管接在培养器进气阀上，当培养器压力降至0.1 MPa以下，进气系统气压高于罐内压0.02 MPa以上时，打开进气阀向罐内送气。进气阀打开时要缓慢，防止料液倒流，造成污染。降温过程中发酵罐适当通气，一方面搅拌降温，另一方面加压，使发酵罐维持正压，尽快使发酵液温度降至30 ℃以下。

（6）接种

待培养基温度降至25 ℃以下时，接入三角瓶中的液体菌种。接种的同时通入无菌空气，使发酵罐内保持正压。接种时需要两人配合操作。首先根据发酵罐接种口的大小用粗铁丝做一个圆圈，铁丝圈上包裹脱脂棉，用75%的酒精浸湿备用，再备一条湿毛巾，放到接种口旁边（待熄灭火用）。

接种方法：用75%的酒精将接种口的外盖和周围擦两遍。开大排气阀，当罐压降到接近于零时，迅速关闭排气阀并点燃火圈。利用火焰保护接种法，打开接种口盖，按10%的接种量将摇瓶中的菌种迅速倒入罐内，旋紧接种盖。罐内升压后用湿毛巾灭掉火圈，打开排气阀，调整罐压在0.01~0.03 MPa，进入培养状态。

（7）液体菌种培养

通常液体菌种采用通气搅拌培养。无菌空气是发酵生产中氧的来源，通入的新鲜空气须经过4~5道过滤，防止污染。罐体搅拌器可增强培养液中氧的溶解速率,还可破碎菌体,有利于菌丝增殖,但转速不宜过高,一般设定为 150~180 转/分。同时要排出发酵过程中的废气,保持发酵罐内正压。

发酵过程中,通气量维持在 2~3 m^3/min,使罐内压力稳定在 0.01~0.03 MPa,在 22 ℃下培养 24 小时。然后可每隔 1~2 小时自接种阀取样一次,观察菌种萌发和生长情况。一是观察菌液颜色及透明度,正常菌液颜色纯正,一般呈现为浅黄色、浅棕色等不同颜色,澄清透明不混浊。二是观察菌液气味,正常菌液有一种香甜味,若细菌污染有酸味、异味,霉菌污染有酒味。随着培养时间的延长,培养料的香味会越来越淡,到后期只有一种菌液的清香味。三是根据不同生长状况检验调节通气量、搅拌速度和 pH 值,以及消除泡沫、升降温度等,为菌丝生长发育创造最佳条件。取样操作中同样需要火焰圈保护。

发酵培养 48~72 小时后即可看到小米粒状的菌丝球,菌丝球浓度和菌液的黏度逐渐增大。一般培养周期为 5~7 天。

(8)发酵终点的确定

液体菌种的放罐不宜过早或太迟。过早产量低,太迟菌体自溶,基质中营养物质被消耗,一些有害的代谢产物也在培养液中积累,从而影响栽培袋的接种成活率及产量。食用菌发酵培养过程中对数生长期的菌丝体生活力旺盛,细胞数量呈几何级数增加,菌丝体相互缠绕,形成各种形状的菌球。

观察容器内的菌球、菌丝碎片,应占菌液量的 80%左右, 80%菌球直径小于 1 mm,大小均匀,颗粒分明,周边菌丝明显。菌球悬浮力强,放置 5 分钟基本不分层即达到要求。

(9)液体菌种检验

液体菌种培养至第 5 天,从发酵罐检测口取出少量培养液在固体培养基上涂平板,也可用灭好菌的栽培袋或菌种瓶,按前述方法在接种阀处直接取样接种子袋或瓶,放入温度为 28~32 ℃的培养室或恒温培养箱内培养 12~36 小时，先后观察 2~3 次。如菌球萌发、变洁白，培养基上无任何杂菌菌落出现即为合格，生长成熟后即可进行接种。若出现菌球萌发暗淡，杂菌菌落，说明该液体菌种已污染不能用于接种。镜检时，菌丝具有锁状联合；菌球边缘部分菌丝分枝细密，菌液经静置培养有原基形成，纯菌率达 100%。

（三）栽培袋（瓶）接种

接种前，发酵室进行间歇期通风，保持室内干燥，防止杂菌滋生。密闭后喷洒消毒液熏蒸过夜，用紫外灯照射 20 分钟后才可以使用。接种气管（胶管）和接种枪要提前进行高温灭菌，灭菌前把管头、枪头用 6~8 层纱布包裹，外包牛皮纸，高压灭菌 121 ℃，维持 35 分钟即可。

液体菌种培养好以后，使用机械自动传送带运送栽培袋（瓶）接种，料袋接种采用四人一组配合，其中一人传筐，一人开袋，一人用接种枪，一人转运菌袋至培养室。塑料栽培瓶接种可采用自动接种机。

将液体菌种发酵罐接种管与接种机相连，通气压力调节为 0.15 MPa。接种前先放掉一部分菌种，尽量减少感染概率。操作时，将接种枪头放进培养基袋口或瓶口，手指扳动，菌液就注入培养料上，并尽量洒满料面，以利于菌丝及早长满料面。液体菌种作为原种使用时，每个菌种瓶的接种量为 10~15 mL；栽培袋接入 22~25 mL。每次接种完毕，接种枪及管路需要清洗干净。

（四）液体菌种杂菌预防措施

液体菌种发酵采用纯种培养，要求除生产菌外无其他微生物。生产过程中一旦发生染菌，菌液将不能作为菌种使用，不但扰乱生产秩序，破坏生产计划，而且浪费大量原材料，造成经济损失。因此，应当做好各种防护措施，树立“以防为主，防重于治”的观念，可以从以下几个方面防止发酵染菌情况的发生。

（1）加强发酵室的卫生管理，为发酵培养创造良好的环境条件。

（2）建立相应的操作规程和制度保障，培养具有一定熟练生产工艺的操作人员，及时准确地判断操作中可能出现的问题。

（3）选用纯度高、菌丝健壮、生命力强的菌种。可将必要的传代次数降低到最低限度，减少衰退及突变事件的发生。及时准确地判断作为各类种源的菌种是否染菌，特别是摇瓶种，保证其可靠性。

（4）加强无菌操作观念。试管母种、一级种子、二级种子的转移与接种过程要严格按照无菌操作技术规程和菌种的生产操作程序执行，保证菌种的纯度、质量和合格率。

（5）发酵罐在使用前要检查各阀门、管路连接等，发现问题及时处理。空气过滤器滤芯在使用前进行灭菌处理，过滤器内部用75%的酒精棉球擦拭干净。滤芯灭菌后，使用前先用气泵空载吹干。

（6）发酵罐工作时，要防止料液沿气体管路倒流而造成污染。罐内必须保持正压，注意控制泡沫，避免逃液现象发生。

（7）发酵罐使用过后对于罐体内壁、鼓泡器等不易清洗的地方，可使用高压水枪进行重点冲刷清理，防止留下残留物对二次使用造成污染。

第六章　杏鲍菇栽培袋制作

一、栽培所需主要原料

杏鲍菇为木腐菌，人工栽培的培养原料以含木质素和纤维素的农林业下脚料为主，包括杂木屑、棉籽壳、玉米芯、甘蔗渣等秸秆及一些野草，并辅以麦麸或米糠等。我国已发布实施农业行业标准 NY 5099—2002《无公害食品食用菌栽培基质安全技术要求》，栽培原料应按照此规范执行。下面详细介绍适于杏鲍菇生产的原料。

（一）主料

主料是主要原料的简称，是指以粗纤维为主要成分，能为杏鲍菇菌丝生长提供碳素营养和能量，并且在培养料中所占比例比较大的营养物质，常用的主要原料多为农业秸秆类，包括以下数种。

1. 杂木屑

杂木屑是木材加工后的废弃物，也可用树枝、枝丫等经切削、破片、晒干后粉碎而成。适于杏鲍菇生产的杂木屑以阔叶树为佳。桦木科、桑科、豆科、金缕梅科、杜英科、胡桃科、榆科、杨树科、木樨科、悬铃木科等的树木，其营养成分、水分，单宁、生物碱含量的比例，以及木材的吸水性、通气性、导热性、质地、纹理等物理状态，均适于菌丝生长。

此外，我国有大面积的果树，每年修剪枝丫数量多。在南方蚕桑产区，每年产桑枝量大，桑枝含粗纤维 56.5%、木质素 38.6%、可溶性糖 0.36%、蛋白质 2.93%，含氮量明显高于杂木屑，这些都可收集作为食用菌的生产原料。

而针叶树的杉、松、柏等，含有松节油、酸等萜烯类物质，樟科含有芳香性杀菌物质，会抑制菌丝生长，所以不适用。一般锯木场收集的杂木屑，常夹有松、杉、柏、樟等木屑。如果混有少量的杉木屑（30%以下），则在生产中表现为菌丝生长缓慢。因此，杂木屑在使用前需要经过长期堆置、发酵蒸馏等处理，以挥发去除芳香物质，也可以和其他阔叶树种的木屑配合使用。

杂木屑的粗细因加工工具和木质而异。栽培食用菌所用的杂木屑，粗的比细的好，硬木木材的木屑比软木的好。用于栽培杏鲍菇的木屑不宜过细，否则会引起培养基过湿或通气不良。而过于粗长的木屑容易刺破塑料栽培袋，因此，杂木屑均要过筛（孔径为 4 mm），以清除杂物。

杂木屑一般含粗蛋白质 1.5%、粗脂肪 1.1%、粗纤维 71.2%、可溶性碳水化合物 25.4%、碳氮比（C/N）约为 492 ∶ 1。木屑中的含氮量只有 0.1%，低于菌丝生长需要，为此杂木屑培养基中须添加含氮素较高的麦麸或米糠，使其达到碳氮比例的要求。壳斗科的青冈栎、栓皮栎、栲树、白栎等栎树木屑的碳氮比（C/N）约为 46 ∶ 1，非常适于栽培杏鲍菇。

2. 棉籽壳

棉籽壳是由棉籽取仁后留下的籽壳和附在壳上的短棉绒，以及少量混杂的棉籽仁和尘土组成，为油料加工厂的下脚料。棉籽壳占棉籽总重量的 32%~40%，我国年产棉籽壳约 1200 万吨，绝大多数用于食用菌生产。加工后的棉籽壳的大小、颜色、棉绒长度、营养成分（含棉仁粉）不尽相同，一般含水量为 9.1%，有机质 90.9%，有机质中的灰分占 2.41%~6.2%（其中磷 0.125%、钾 1.3%、钙 0.32%，），粗纤维 37%~48%，粗脂肪 1.5%~4.73%，可溶性碳水化合物 34.9%，粗蛋白质 5%~6.85%，氮 1.2%。碳氮比（C/N）为 27.6 ∶ 1。

棉籽壳上的短绒纤维的主要成分是纤维素，可以被杏鲍菇菌丝直接利用,含绒量高的棉籽壳质量优于含绒量低的。另外,棉籽壳中黏附的部分棉籽仁含有脂肪,有助于杏鲍菇的生长发育。经试验证明,少量油脂能够提高杏鲍菇子实体的收获量,因此,含油的棉籽壳优于普通的棉籽壳。研究表明,棉籽壳不仅营养丰富,质量稳定,而且质地疏松,吸水性和持水性强,具有良好的物理性状,加水浸透不板结,透气性好,含有一定的空气,可提供菌丝生长所需要的氧气,是良好的栽培基质。

购买棉籽壳时要注意质量检验,应选择无霉烂、无结块、没被雨水淋湿、当年收集的新鲜棉籽壳。通常以选用色泽灰白、断绒少、手捏之稍有明显刺感并会发出“沙沙”响声的为宜。棉籽壳贮藏时不能直接堆放于地面,要架高放置,贮藏场所要通风、避雨,以免其发霉、生虫而造成浪费。

3. 玉米芯

脱去玉米粒的玉米穗轴称为玉米芯。干玉米芯含水分 8.7%、有机质 91.3%,其中粗蛋白 2.0%、粗脂肪 0.7%、粗纤维 28.2%、可溶性碳水化合物 58.4%,粗灰分 2.0%,钙 0.1%,磷 0.08%,营养十分丰富。碳氮比(C/N)约为 89∶1。玉米芯组织疏松,透气性好,但颗粒之间的间隙偏大、持水性较差,须经粉碎并添加其他辅料补充氮源,可用于栽培杏鲍菇。

杏鲍菇栽培时要选用新鲜无霉变的玉米芯,用石灰水拌匀堆积发酵 12 小时后即可使用,料水比一般为 1∶(1.2~1.3)。

4. 玉米秸

玉米是我国平原地区的主要粮食作物,全国播种面积 2.95 亿亩。玉米秸是植株的茎叶,含水分 11.2%,有机质 88.8%,其中粗蛋白 3.5%、粗脂肪 0.8%、粗纤维 33.4%,可溶性碳水化合物 42.7%,粗灰分 8.4%,钙 0.1%,磷 0.08%。碳氮比(C/N)约为 97.2∶1。干燥后经压扁、切碎,可袋栽杏鲍菇。

5. 甘蔗渣

甘蔗渣是甘蔗榨糖后的下脚料，其含水量为 18.34%，粗蛋白质 2.54%，粗脂肪 11.6%，粗纤维 46%，半纤维素 25%，木质素 20%，可溶性碳水化合物 18.7%，粗灰分 0.72%。含碳 53%，含氮 0.63%，碳氮比（C/N）约为 84.2∶1。甘蔗渣要选用新鲜、色白，无发酵酸味、无霉变的，一般应取糖厂刚榨过糖的新鲜甘蔗渣，并及时晒干贮藏备用。若未充分晒干，甘蔗渣久积堆放结块、发黑变质、有霉味的，不宜使用。甘蔗渣含有较多的可溶性糖类，在高温条件下容易感染链孢霉等杂菌，因此，开始生产时要对原料进行发酵处理，以消耗转化可溶性糖。

6. 其他

据报道，稻草、豆秸、棉铃壳等农作物秸秆富含木质素、纤维素，经粉碎成小颗粒状作为碳源，添加了氮源后可作为栽培杏鲍菇的培养料。

（1）稻草

选用当年的新鲜稻草，切成 6~10 cm 的长段，放入 3%的浓石灰水中浸泡，浸泡时间视温度而定：气温在 25 ℃以上时浸水 24~36 小时，20~25 ℃时浸水 36~50 小时，20 ℃以下时需要浸水 3 昼夜才能清除稻草秆上的蜡质，使稻草充分软化。浸泡的稻草捞起后，用清水冲洗掉部分石灰水，再堆置 2~3 天，不仅能杀死病菌、害虫，还能使稻草进一步发软、变松，含水量适中。将料堆散开，加入辅料后即可装袋灭菌。

（2）棉铃壳

棉铃壳又称棉花壳，即棉花的外皮。据调查，棉铃壳每亩产量不低于 30 kg，其养分含量与棉籽壳相当，而其通透性优于棉籽壳，是除棉籽壳外食用菌栽培的又一优质培养料。用于杏鲍菇栽培时，可以选用无霉变、无虫蛀的新鲜棉铃壳，先在烈日下曝晒 2~3 天，再经过装有 10 mm × 10 mm 筛片的粉碎机粉碎成颗粒状后备用。

（3）大豆秸秆

大豆秸秆含氮、钙、磷高，无氮浸出物多。在杏鲍菇栽培中，添加一定量的大豆秸秆，可显著提高杏鲍菇产量。在生产中，宜选用当年产、无霉变、无虫蛀的新鲜大豆秸秆，经粉碎后备用。

（二）辅助原料

辅助原料又称辅料，能补充菌种培养料中的氮源、无机盐和生长因子。辅料除能补充营养外，还可以改善培养料的理化性状。常用的辅料多数是天然有机物质，如麦麸、玉米粉、米糠等，用于补充主料中的有机氮、水溶性碳水化合物以及其他营养成分的不足。

1. 麦麸

麦麸又称麸皮、麸子，其组织结构为 6 层，包括麦皮、外果皮、内果皮、种皮、珠心层和糊粉层，是小麦加工面粉时的副产品，占整粒小麦总重量的 14%~18%。麦麸含有粗蛋白质 13.5%、粗脂肪 3.8%、粗纤维 10.4%、可溶性碳水化合物 55.4%、粗灰分 4.8%。蛋白质中含有 16 种氨基酸，尤其以谷氨酸含量最高（占 46%）。麦麸还富含 B 族维生素、维生素 E 和烟酸等，其中维生素 B_1 的含量高达 7.9 μg/kg，营养丰富，成为杏鲍菇生长的重要氮源和生长因子来源之一。

麦麸既是优质氮源，含有易吸收的碳源、维生素，而且质地疏松，透气性好，是杏鲍菇生产中不可缺少的一种辅料，一般用量为 10%~20%。麸皮不如细糠细，遇湿易结团，最好先和主料干混均匀再加水调湿。

麸皮有红、白之分，红麸皮营养成分较高。根据我国国家标准，麸皮按其饲料营养成分含量分为 3 级，一般来说杏鲍菇栽培不一定要选用一、二级的饲用麸皮，但若选用了等外品级别（等外品指产品质量低于规定等级范围，仍有一定使用价值的产品——编者注）的麸皮，因其粗蛋白质含量不够，会影响杏鲍菇产量。

麸皮易滋生霉菌,用作培养基时须经严格挑选,力求新鲜,变质发霉的不宜采用。在小麦生产过程中使用了禁用农药的麦麸,不能作为制种培养料。因此,在选用麦麸时要先进行抽样检测。购进后,因其吸水性较强,易生虫、长霉,存放地点应阴凉、干燥、通风,同时要远离菌种生产场所和栽培场所。

2. 玉米粉

玉米粉又称玉米面,是由玉米籽粒加工粉碎而成的粉末。玉米粒的营养成分因品种和产地的不同而有一定的差异,一般含水量13.2%,有机质86.8%,其中粗蛋白9.6%、粗脂肪5.6%、粗纤维(含木质素)含量为1.5%、可溶性碳水化合物69.6%、粗灰分1.0%,维生素B_2含量高于其他谷类作物。其所含的蛋白质比麸皮高,因此用量要少于麸皮,为5%~10%。另外,它还可以与麸皮或米糠混合使用,但两者在用量上都要适量减少。

杏鲍菇栽培过程中,需要有较丰富的碳源和氮源,特别是氮源越充足,营养生长就越好,产量也越高。玉米粉营养成分全,富含多种维生素和生长因子,碳氮比(C/N)为22∶1。在培养料中添加一定量的玉米粉,可促进杏鲍菇的生长发育,显著提高子实体产量。生产用的玉米粉要求新鲜,无霉变、结块、生虫等现象,最好随用随购。

3. 饼粉

饼粉是榨油厂将含油脂高的种子榨油后的固体副产物,为优质的精饲料和有机氮肥。饼粉除含有蛋白质外,还含有纤维素、脂肪,是一种长效性营养源。依种子种类的不同分为豆饼、花生饼、菜籽饼、棉籽饼、芝麻饼等,不同饼类成分又有差异。

黄豆饼粉又称大豆饼粉,是榨取大豆油后的下脚料,结块或片状,有豆香味。大豆饼含水分9.15%、有机质90.85%,其中粗蛋白45.97%、粗脂肪3.98%、粗纤维4.61%、可溶性碳水化合物30.42%、粗灰分5.87%。碳氮比(C/N)约为6.76∶1。其蛋白质含量是麸皮的

2.5倍，是一种氮素含量很高的有机营养物质。因此，一般单独用量为10%左右。因其用量少，不易在料中分布均匀，故与麸皮或米糠混合使用为宜，但在用量上要减少，以5%为宜，麸皮和米糠的用量也要相应减少至15%~20%为宜。

菜籽种子经榨油后剩下的糟粕即为菜籽饼，其含水量为10%，有机质90%，其中，粗蛋白33.1%、粗脂肪10.2%、可溶性碳水化合物27.9%、粗纤维11.1%、粗灰分7.7%。碳氮比（C/N）约为9.8∶1。

4. 米糠

米糠是稻谷加工后的下脚料，种类有细米糠、三七糠、统糠等。一般细米糠含粗蛋白质10.88%、粗脂肪11.0%、粗纤维11.5%、可溶性碳水化合物45%、粗灰分10.5%。

米糠不仅是杏鲍菇菌丝发育过程中很好的氮源，同时又是碳源。米糠含有大量的生长因子（维生素B_1等）、油脂等，新鲜的米糠中还含有12.5%的粗蛋白。但米糠长时间暴露在空气中，油脂会迅速分解，经过一个月后分解率可达60%，在高温、高湿条件下分解更快。因此，陈旧的米糠中几乎不存在生物活性物质，并且极易产生螨害，影响米糠质量。螨害易随人员流动而带入菌种室，会造成严重的后果。

在杏鲍菇栽培料配制过程中，米糠的用量应随着相对湿度的变化而适当增减。高温、高湿条件下，适宜霉菌蔓延，同时也是螨类的繁殖盛期，为了降低污染率，可相应地减少米糠用量。冬季气候较为干燥，可适当增加米糠用量。但要注意增加米糠用量之后，切实加强对培养基含水量的调节，否则容易引起培养基过湿。

生产中应尽量选用新鲜、无霉变、无虫蛀、不板结的米糠，以确保质量。此外，细米糠的使用效果最好，三七糠、统糠由于养分不足，一般不适于用作培养基。细糠缺乏时可用麸皮代替。

米糠购进后要注意防潮，特别是要防止放在地面吸潮后引起结块、生虫、发霉、酸化。若发现严重的结块、发霉则应弃用。存放米糠之地要远离制种及栽培场所,以免螨虫传播为害。即使生产量大时,米糠也不应大批量购进,而且要选用新鲜产品,随用随购。

5. 野草粉

使用芒萁、类芦、芦苇、拉瑟草等野草栽培杏鲍菇,既可以降低生产成本,又可以保护森林资源,减少环境污染,是一种极有前途的环保生产方式。从实际生产来看,我国森林资源严重不足,野草资源却十分丰富,其碳氮比(C/N)为30∶1,作为培养料栽培的杏鲍菇质量好、产量高。

一般野草采收后应马上晒干,充分干燥后贮藏起来。使用时经粉碎成专用的野草粉以供生产使用。由于不同野草物理性质不同,对筛片的选择也应不同,加工芒萁时只能选用孔径2 mm的筛片,粉碎芦苇等禾本科野草可用直径为2.3~2.5 mm的筛片。野草经粉碎后要贮藏在干燥的室内,防止霉变、结块。

(三)配料中的化学添加剂

菌种培养料配方中常采用石膏粉、碳酸钙等化学物质,有的以改善培养料化学性状为主,有的是用于调节培养料的酸碱度。

1. 石膏

石膏的化学名称为硫酸钙,是微溶性强酸弱碱盐,分为生石膏和熟石膏两种。生石膏的分子式是$CaSO_4 \cdot 7H_2O$,有白色(即雪花石膏)、粉红色、淡黄色或灰色,透明或半透明,呈板状、纤维状或细粒块状,具有玻璃光泽。石膏加热至150~170 ℃脱水成熟石膏,分子式是$(CaSO_4)_2 \cdot H_2O$,呈粉末状。熟石膏使用更加方便,广泛应用在食用菌固体培养基中,用量为1%~2%,必要时其用量可以增加到3%。石膏能提供矿物营养钙素、硫素,亦起到调节pH值的作用;此外还可改善培养料的理化性状,如固定单宁、调节酸碱度、提高持水力、增加培养基的硬度等。

市场上常见的石膏为食用、医用、工业用、农用4种。种植杏鲍菇主要选择农用石膏粉，价格便宜，生熟均可。为了将石膏均匀地混入培养基中，要求质地以80~100目细度为好。粗者也可经粉碎过筛形成粉末，总之越细越好。有的石膏粉纯度不高，色灰或粉红，无光亮，不适用。

2. 碳酸钙

碳酸钙纯品为白色晶体或粉末，是微溶于水的中性盐类，水溶液呈微碱性。为杏鲍菇的菌丝生长阶段或子实体形成阶段提供钙素，亦可调节培养基酸碱度，使料不变酸；还能不断地中和菌丝代谢过程中所产生的有机酸，对酸碱度起缓冲作用。尤其在气温较高的季节配制培养基时，采用1%的碳酸钙可以防止培养基偏酸。

目前，有的杏鲍菇栽培者使用粉碎石灰（碱性较大，用量应少）代替碳酸钙。通过石灰和空气中的二氧化碳发生作用生成碳酸钙，检测其水溶液氢离子浓度，pH值超过8即可使用。碳酸钙在产品上还有轻质碳酸钙和重质碳酸钙之分，生产上常用的是轻质碳酸钙，也可用重质碳酸钙。

3. 过磷酸钙

过磷酸钙是常用的一种化学磷肥，也称磷酸钙石灰，主要化学成分是磷酸二氢钙和无水硫酸钙，其中含磷（P_2O_5）14%~20%。过磷酸钙为灰白色、深灰色或带粉红色的粉末状物质，有酸性气味，具水溶性，溶液呈酸性。磷是真菌细胞代谢中十分活跃的元素，是核酸和磷脂及高能化合物ATP的组成元素。因此，磷肥是食用菌栽培中的常用补充养分，在杏鲍菇生长发育的各种代谢过程中起一定作用。

过磷酸钙呈酸性，可降低培养基的碱性，并提供磷素、钙素，只用于固体培养料中。通常用过磷酸钙就不再用石膏粉。农用过磷酸钙颗粒较粗，含水量大，使用之前宜用铁锅烘干，粉碎后过筛成粉末，用量一般为 0.3%~2%。过磷酸钙是一种良好的消胺剂,若播种前发现培养料含有氨味,可用过磷酸钙来消除。

4. 石灰

石灰的化学分子式是 CaO,也称生石灰,白色块状或粉末状,是常用的建材,价格低廉。生石灰易溶于水,生成熟石灰 $Ca(OH)_2$,呈碱性。在生产中,培养料中添加适量石灰的主要作用是提高酸碱度,杀死杂菌或抑制杂菌的生长,防止培养料变酸;其次是增加培养料中的钙质,改善培养料的营养状况,促进菌丝的旺盛生长,对提高产量有一定的作用。一般用量为 1%~4%。

5. 蔗糖

红糖、白糖在杏鲍菇生产中均可使用。白糖是较纯的蔗糖,而红糖含有丰富的葡萄糖、矿物质和生长素,并且价格便宜。红糖营养价值高于白糖,葡萄糖含量较白糖高 10~20 倍,其矿物质元素(铁、锌、钙等)含量较白糖高,能满足杏鲍菇菌丝体生长过程中对微量元素的需求,在杏鲍菇栽培中使用效果优于白糖。红糖还含有胡萝卜素、核黄素,更是白糖所不及的,在实际生产中经常使用的是红糖粉。但要注意的是,红糖易返潮、结块,在高温高湿条件下,酵母菌会大量增殖使红糖泛酸,所以应随购随用。红糖的用量为 1.5%~2.5%,可根据培养料制作时的温度和湿度条件的变化来适量增减。在冬季使用红糖前用热水加速溶解,在夏季则用冷水预先将红糖溶解成母液,在调湿培养基的过程中逐渐稀释添加。

6. 磷酸氢二钾与磷酸二氢钾

磷酸氢二钾的外观为白色结晶或白色粉末,微溶于醇,易溶于水,1%水溶液的 pH 值为 8.9,呈微碱性,有吸湿性,温度较高时自溶。磷酸二氢钾为无色四方晶体或白色结晶性粉末,溶于水,水溶液呈酸性,1%磷酸二氢钾溶液的 pH 值为 4.6。这两种化合物不但提供磷,还提供了钾，还可作为培养剂缓冲培养基的酸碱度变化，农业上用作高效磷钾复合肥，广泛适用于各类型经济作物，一般用量为0.2%~0.3%。

7. 硫酸镁

硫酸镁是一种盐类，医药上俗称“泻盐”。它是无色或白色的晶体或白色粉末，主要是供补充镁离子用。杏鲍菇的生长需要镁，镁离子对细胞中的酶有激活作用，不仅能延缓菌丝体的衰老，还能促进菌丝体酶系的活化，加速各种酶对纤维素、半纤维素、木质素等大分子物质的降解。硫酸镁在培养基中的一般用量为0.3%~0.5%（工业硫酸镁）。

8. 尿素

尿素是一种有机氮素化学肥料，又称碳酰胺。它是白色晶体，工业品或农业品为白色略带微红色固体颗粒，无臭无味，溶于水和醇，难溶于乙醚、氯仿，呈弱碱性，含氨量为42%~46%，温度超过其熔点时即分解为氨。尿素可作为培养料的氮素补充营养，其用量为0.5%~1.0%。

9. 硫酸铵

硫酸铵为无色结晶或白色颗粒，无气味，水溶液呈酸性，pH值为5.5。硫酸铵主要用作肥料，适用于各种土壤和作物，是一种优良的速效氮肥（俗称“肥田粉”），其含氮量为20%~21%，是食用菌生长较好的氮素养分，一般用量为2%~2.5%。

杏鲍菇菌种培养基常用化学添加剂种类、功效、用量和使用方法，应执行农业行业标准NY 5099—2002《无公害食品食用菌栽培基质安全技术要求》（表5.1）。

表 5.1 培养料添加剂及使用方法

添加剂名称	使用方法与用量
尿素	补充氮素营养,0.1%~0.2%,均匀拌入栽培基质中
硫酸铵	补充氮素营养,0.1%~0.2%,均匀拌入栽培基质中
碳酸氢铵	补充氮素营养,0.2%~0.5%,均匀拌入栽培基质中
磷酸二氢钾	补充磷和钾,0.05%~0.2%,均匀拌入栽培基质中
磷酸氢二钾	补充磷和钾,0.05%~0.2%,均匀拌入栽培基质中
石灰	补充钙素,并有抑菌作用,1%~5%,均匀拌入栽培基质中
石膏	补充钙和硫, 1%~2%,均匀拌入栽培基质中
碳酸钙	补充钙,0.5%~1%,均匀拌入栽培基质中

(四)培养基质优选原则

1. 选用优质培养料

培养原料要按照国家标准选择使用。栽培的原料应选择不受农药和“三废”污染(“三废”即废水、废气和固体废弃物——编者注)的洁净材料,要求新鲜、洁净、干燥、无虫、无霉变、无异味,必要时进行重金属和农药残留检测。原料入库前要经过阳光曝晒,有助于消灭霉菌和虫害、虫蛹蛆。贮存仓库要求干燥、通风、防雨。原料使用前可日晒或堆积发酵处理,有利于杀灭潜伏在料中的杂菌与虫害,不允许加入农药。

2. 掌握营养物质比例

培养基所含的各种营养物质的比例,是影响食用菌生长的重要因素,应根据菌丝生长、出菇的需要以适当的比例配制。菌丝体在没有碳源或氮源的情况下,生长速度比在低浓度碳源或氮源条件下快,但菌丝长势异常,表现为菌丝徒长,纤细,分枝多,没有正常的菌落形态。由此表明,碳源和氮源是菌丝生长必需的营养物质。绝大多数食用菌的菌丝生长,碳氮比(C/N)以 30∶1 时最适宜。

3. 注意原料理化性状

选择培养料要注意原料颗粒的粗细、质地的软硬及持水性能等理化性状，这对菌丝生长发育有很大的影响。原料过粗或过硬，不仅不容易直接分解利用，而且由于空隙大，通风过旺，培养料的持水能力差，导致水分丧失快，使菌丝后期生长缺水。反之，原料过细，含水量大，影响菌丝正常呼吸，最终导致缺氧而停止生长发育。因此，一定要注意培养料的粗细搭配。

二、栽培袋制作流程

要实现杏鲍菇高产、稳产，除选用优良的菌种之外，正确掌握栽培管理技术也是非常重要的。目前，我国杏鲍菇的栽培主要以熟料栽培为主，生料栽培的技术还不够成熟，熟料栽培袋的制作流程为：培养料配制→拌料→装袋→灭菌→冷却→接种→培养。

（一）培养料配制

1. 培养料配制原则

杏鲍菇的菌丝在生长发育过程中，除了吸收基质内的水分外，还从基质中摄取构成细胞有机质的碳、氮、硫、钙、镁、铁、锰等多种大量元素和矿物质元素，以及微量有机物等养分，其中碳源、氮源最为重要。

碳源是菌种的碳素营养来源，它不仅是合成碳水化合物和氨基酸的基础，还是重要的能量来源。菌丝营养生长大都以有机碳化合物作为碳素营养。碳源中的单糖（包括低聚糖、多糖等的分解产物）、有机酸和醇等小分子化合物可以直接被杏鲍菇的细胞利用，而纤维素、半纤维素、木质素、淀粉、果胶等大分子化合物则不能被直接吸收，必须经酶分解，降解成简单小分子糖后才能被利用。生产过程中在木屑、秸秆等培养基中加入适量蔗糖等容易利用的碳水化合物，作为培养初期的补充碳源，能促使菌丝生长，并且还可诱导纤维素酶的产生。补充碳源的浓度以0.5%~5%为宜，过高会抑制菌丝生长。

氮源是菌丝合成蛋白质和核酸的必要元素，氨基酸和尿素等能被菌丝体直接吸收，而大分子的蛋白质需要经蛋白酶分解成氨基酸后才能被吸收。在菌丝生长阶段，培养液中的氮含量以0.016%~0.064%为宜。当培养基质的含氮量低于0.016%时，菌丝生长受阻。在培养料中，应严格控制碳源与氮源的比例。杏鲍菇培养料配方中要含有丰富的氮源物质，但氮源含量也不宜过高，否则开袋后容易造成气生菌丝徒长，影响出菇。一般认为在食用菌营养生长阶段，碳氮比（C/N）以20∶1为宜。

培养基的含水量对菌丝生长影响极大，因为水不仅是菌种细胞的重要组成部分，还是菌种吸收营养物质及代谢过程中最基本的溶剂。水分过多渗出，会造成培养基营养流失，还会导致菌袋、瓶内积水过多，使菌丝缺氧，停止生长甚至窒息死亡。培养料中含水量高，料温随之上升，导致基质容易酸败，杂菌污染率也高；含水量少，培养基偏干，满足不了菌丝生长对水分的要求，会造成菌丝纤弱、生长缓慢或停滞。

栽培袋中培养基含水量要掌握在60%~65%。由于各地原料、辅料性质不同，质地软硬与粗细、干湿差异有别，而且各种原料、辅料自身固有的含水率为10%~13%，特别是甘蔗渣、棉籽壳、玉米芯等原料吸水性强，所以计算时应注意这一点，以免用水量超标。

培养料的酸碱度直接影响菌丝细胞内的酶活性和细胞膜透性，以及对金属离子的吸收能力。适宜杏鲍菇生长的培养料pH值为3.5~8.0，最适合生长pH值为5.0~6.3。一般灭菌前培养料的酸碱度要高至pH值7~8，灭菌后培养料的pH值5.5~6.5。调节pH值多采用石灰、石膏、过磷酸钙等。

2. 培养料配方

生产实践证明，以多种原料混合组成的培养料，比单一主料的培养料产量更高。杏鲍菇栽培经常选用的培养基配方有如下数种，生产者可根据当地资源情况灵活选用。

配方1：木屑78%，麸皮20%，石膏1%，石灰1%。

配方2：木屑75%，麸皮23%，白糖1%，碳酸钙1%。

配方3：木屑58%，棉籽壳20%，麦麸20%，糖1%，石膏1%。

配方4：木屑53%，棉籽壳30%，麸皮10%，玉米粉5%，蔗糖1%，碳酸钙1%。

配方5：木屑50%，棉籽壳21%，麸皮20%，玉米粉7%，石膏粉1.5%，石灰0.5%。

配方6：木屑44%，豆粕5.5%，麦麸11%，玉米粉4.5%，玉米芯15%，甘蔗渣18%，轻质碳酸钙1.5%，石灰0.5%。

配方7：木屑40%，棉籽壳33%，麸皮25%，蔗糖1%，碳酸钙1%。

配方8：木屑37%，棉籽壳37%，麸皮20%，玉米粉4%，糖1%，碳酸钙1%。

配方9：木屑35%，棉籽壳33%，麸皮15%，玉米粉5%，豆秸粉10%，糖1%，石膏粉1%。

配方10：木屑30%，棉籽壳45%，麸皮22%，碳酸钙1%，石膏粉1%，石灰1%。

配方11：木屑25%，棉籽壳25%，麸皮23%，豆秸粉或玉米芯25%，蔗糖1%，碳酸钙1%。

配方12：木屑20%，玉米芯20%，甘蔗渣20%，麸皮24%，豆粕9%，玉米粉5%，轻质碳酸钙1%，石灰1%。

配方13：木屑16%，玉米芯35%，棉籽壳8%，米糠14%，麸皮14%，豆粕8%，玉米粉3%，轻质碳酸钙1%，石灰1%。

配方14：棉籽壳83%，玉米混合粉15%，白糖1%，碳酸钙1%。

配方15：棉籽壳80%，麸皮18%，石膏1%，石灰1%。

配方16：棉籽壳78%，麸皮15%，玉米粉5%，石膏1%，石灰1%。

配方17：棉籽壳60%，木屑20%，麸皮15%，玉米粉3%，石灰粉

1%,石膏 1%。

配方 18:棉籽壳 50%,玉米芯 30%,麸皮 18%,石膏 1%,石灰 1%。

配方 19:棉籽壳 48%,稻草 24%,麸皮 20%,玉米粉 5%,蔗糖 1%,石膏粉 2%。

配方 20:棉籽壳 45%,锯木屑 30%,麸皮 20%,玉米粉 3%,糖 1%,碳酸钙 1%。

配方 21:棉籽壳 38%,木屑 40%,麸皮 20%,石膏 1%,石灰 1%。

配方 22:棉籽壳 38%,野草粉 37%,米糠 30%,红糖 1.5%,玉米粉 2%,石膏粉 1%,石灰 0.5%。

配方 23:棉籽壳 38%,野草粉 37%,米糠 20%,红糖 1.5%,玉米粉 2%,石膏粉 1%,石灰 0.5%。

配方 24:棉籽壳 30%,木屑 30%,玉米芯 18%,麸皮 15%,玉米粉 5%,石膏 1%,石灰 1%。

配方 25:玉米芯 75%,麸皮 25%, 1000 倍多菇丰或 500 倍多菌灵。

配方 26:玉米芯 50%,棉籽壳 25%,米糠 20%,复合肥 2%,白糖 1%,石灰粉 1%,石膏粉 1%。

配方 27:玉米芯 40%,木屑 40%,麸皮 15%,玉米粉 5%。

配方 28:玉米芯 30%,棉籽壳 8%,锯末 22.5%,麸皮 21%,豆粕 8%,玉米粉 8%,生石灰 1%,轻钙 1.5%。

配方 29:玉米芯 25%,麦麸 20%,棉籽壳 21%,木屑 28%,石灰 2%,石膏 2%,普钙 1%,白糖 1%。

配方 30:甘蔗渣 78%,麦麸 10%,玉米粉 10%,石灰粉 1%,石膏 1%。

配方 31:甘蔗渣 50%,杂木屑 20%,棉籽壳 13%,玉米混合粉 15%,石灰粉 1%,碳酸钙 1%。

配方 32:甘蔗渣 40%,棉籽壳 40%,麦麸 16%,玉米粉 2%,石灰粉 1%,石膏 1%。

配方 33:甘蔗渣 23%,桑枝屑 23%,棉籽壳 28%,麦麸 17%,玉米粉 6%,蔗糖 1%,石膏 1%,碳酸钙 1%。

配方 34:棉籽壳 77%,米糠 17%,玉米粉 3%,红糖 1.5%,石膏粉 1%,石灰 0.5%。

配方 35:菌草粉 39%,棉籽壳 39%,麦麸 20%,蔗糖 1%,碳酸钙 1%。

配方 36:菌草粉 38%,玉米芯 38%,麦麸 12%,玉米粉 10%,蔗糖 1%,碳酸钙 1%。

配方 37:豆秸粉 30%,棉籽壳 23%,木屑 23%,麦麸 18%,玉米粉 4%,蔗糖 1%,碳酸钙(石膏)1%。

配方 38:棉杆粉 55%,棉籽壳 19%,麦麸 19%,豆饼粉 3%,尿素 0.2%,过磷酸钙 2%,石膏 1.8%。

配方 39:稻草粉 78%,麦麸 20%,石灰 1%,石膏 1%。

配方 40:稻草粉 37.5%,木屑 37.5%,麦麸 23%,蔗糖 1%,石膏 1%。

(二)拌料、装袋

1. 备料

木屑应选择木质比较松软的杂木屑,并预先过 2~4 mm 筛,筛除木刺、木块等。粉碎后的木屑经过风吹、日晒、雨淋,自然堆积发酵 20 天以上。在干旱季节还应人工喷水,使木屑微发酵,提高其持水力,并排除单宁物质后使用。

如果使用棉籽壳来做培养料,由于棉籽壳含有少量油脂而不易吸水,可提前 1 夜或提早 2 小时用 1%的石灰水进行打堆预湿,有搅拌机的可按 1∶1 的比例加水,通过机械压力,使棉籽壳吸湿,然后打堆成馒头形备用。由于棉籽壳的 pH 值偏酸性,以棉籽壳为主材料的培养基,除了适当增加碳酸钙的用量以外,还可添加 1%~2%的石灰粉，以调节培养基的 pH 值至中性。此外，必须指出的是，以棉籽壳为主料时，要适当添加 10%~15%的木屑、稻草、豆秸粉、玉米芯等，以便吸附棉籽壳在灭菌过程中释放出来的酚类、醛类物质，减少其对杏鲍菇菌丝的影响。

玉米芯要粉碎或碾压成直径为 0.5~1 cm 的颗粒。玉米秸、大豆秸秆、棉秆、麦秸、稻草等秸秆，碾软后要粉碎成粒径 1 cm 左右的碎屑。甘蔗渣要选用新鲜干燥的细渣，若是带有甘蔗皮的粗渣，要粉碎过筛后才能使用。由于甘蔗渣含有较多的蜜糖，熟料栽培时很容易造成链孢霉污染，所以在使用前最好进行堆制发酵处理。从糖厂运来的鲜渣，含有一定的水分，可以直接上堆发酵。料堆底宽 2.5 m、高 1.5 m，建堆后要稍加压实。10 小时后，堆温可上升到 60~70 ℃。10 天左右进行第一次翻堆，堆温可很快回升到 60 ℃以上；7~8 天后进行第二次翻堆；再过 6 天后即可散堆，晒干备用。菌草晒干后，用粉碎机粉碎为粒径为 0.3~0.5 cm 的碎屑。石膏以熟石膏为优，碳酸钙最好选用轻质碳酸钙，石灰以生石灰为好。石膏、碳酸钙、石灰等物质均要制成粉状。除蔗糖和石膏等矿物质之外，其他的主、辅原料，使用前都要在阳光下暴晒 2~4 天，每天翻动几次。

2. 拌料

培养料要搅拌均匀，一方面保证各种营养成分分布均衡，否则影响菌丝对营养的吸收利用，导致菌丝生长不整齐、不旺盛。因此，在配制培养料时，麸皮、米糠、石灰粉、石膏粉等按比例备好后，宜在未加水时先用铁铲拌和均匀，然后与干燥的木屑或棉籽壳、野草粉等拌匀，再分批拌入已预湿的棉籽壳中。糖、硫酸镁、磷酸二氢钾等易溶于水的辅料，可以先溶解在少量水中，用与培养料干重等量的水分二次稀释，再逐步混入培养料中并调节至适当的湿度，这样可使营养物质均匀分布于培养料内，利于菌丝的营养吸收。

另一方面是水分要拌匀，不要出现有的地方水大，有的地方水小，甚至出现干料，这样不仅会影响菌丝的生长，还会影响培养料的灭菌。在制袋前预先计算好加水量，实际拌料时先按计划量的80%加水，待料混合均匀后再测定混合料的水分，决定是否再加水。

培养基的含水量可用手握法测定，即用手握紧培养料，可见水分被挤出。料被握捏成团，含水量<55%；握捏成团指间无水迹，而指捏见水迹时，含水量为55%~58%；握捏指间出现水迹，指捏有水迹欲滴，此时含水量为60%；握捏水成滴悬挂于手上不滴落，含水量为60%~62%；握捏水滴断续滴落，含水量为63%~65%。若需要精确测定，可采用水分测定仪检测。如果培养料中水分不足，可加水调节，若水分偏高，不宜加入干料，以免配方比例失调，只要把料摊开，让水分蒸发至适度即可。

在杏鲍菇栽培过程中不喷水，要求混合料中的水分控制在60%~65%（每100 kg料加水120~130 kg），配料时加水量要视原料的持水性、气候、场所、灭菌方式等不同灵活掌握。玉米芯等培养料偏干、颗粒较细，水分可适当多加些，以木屑为主的培养料含水分多、颗粒较粗、吸水性差，可适当少加水。晴天或风大天气水分易蒸发，要多加水；阴天空气相对湿度较大时，水分不易蒸发，可适当少加。气温高时拌料要多加，气温低时要少加。采用常压灭菌方式，料的含水量要求在55%~58%，高压灭菌为58%~62%。若手测法达不到所需的含水量，可酌情补水，再次开机搅拌，直至达到培养基所需含水量。

机械拌料可通过自动备料机、双螺旋搅拌机等自动化设备，将配方中的木屑、甘蔗渣、玉米芯等混合料放入拌料桶，再加入石灰、玉米粉、轻钙、麸皮等进行一级搅拌，搅拌均匀后放入二级拌料桶，再加水进行二级、三级搅拌，搅拌均匀后输入装袋机进行制袋。以棉籽壳或甘蔗渣为主料的配方，再加适量的水拌匀预湿，然后参照木屑培养基的制作方法操作。

人工拌料时应先将木屑、棉籽壳等主料平铺于地面成一薄层，不溶性辅料均匀撒在其上，用铁铲干混均匀，再平铺成一薄层，将可溶性材料配成的母液稀释后均匀泼洒于其上，再混合均匀。含水量不足时，用同样的方法加水，直至符合要求。配制时若发现材料结块，应用铁锹敲碎，继续多次拌和均匀。此外，还可以利用装袋机来拌料，先将各种原料混合均匀，再加入所需水量，进行初拌料一次后，再将料铲入装袋机的料斗，利用装袋机内的旋转轴，将料挤压出来后，培养料的水分就可达到均匀一致。采用这种拌料方法，其速度不及拌料机，但比手工拌料更均匀。需要明确的是，棉籽壳不易吸湿，采用机械搅拌时，由于机械压力的作用，湿润较快；人工拌料时，应将棉籽壳充分预湿，使水分渗透于籽壳基质中。

拌料的场地周围环境要清洁、卫生，最好在水泥地面上配料，如无水泥地面，也应选择平坦、坚实的地面，并铺上塑料薄膜，以减少杂菌污染的机会。

3. 装袋

人工栽培杏鲍菇一般常用聚丙烯或低压聚乙烯塑料袋作为栽培容器，前者适用于高压灭菌，后者多用于常压灭菌。为了方便和控制菇形大小，生产上常用对折宽度为 17~19 cm、长度为 30~38 cm、厚度为 0.005 cm 的聚丙烯袋，以及宽度为 15~23 cm、长度为 30~55 cm、厚度为 0.005 cm 的低压聚乙烯袋作为栽培容器。

培养料配制好后，要装填到栽培袋中。不同规格的袋子装入的原料重量不同。17 cm × 33 cm × 0.005 cm 的高压聚丙烯塑料袋每袋装干料 0.5 kg，湿料 1.15 kg 左右。人工装袋时，要求将培养料面压平、压实，再用直径 1.5~1.8 cm 的木棒或塑料棒插在料中间，深至袋底；用干布擦净袋口，上颈环用棉塞或无棉盖体封口。也可直接用细线扎紧、扎实袋口，但要注意的是应扎绑活扣，以便接种时解绑松扣。将颈套拉紧，使得料与袋壁紧贴，否则在栽培过程中易导致袋壁空隙处菌丝扭结，形成原基消耗养分。装好料的栽培袋应马上进行清洁，否则一旦风干，粘在袋外壁及袋口的培养料颗粒难以洗净，易造成污染。

使用自动装袋机装料，可选用 17 cm × 33 cm × 0.005 cm 的塑料袋，每袋中间打孔，装料 1.3~1.35 kg，料高为度为 17.5~18.5 cm，袋口用 4.5 cm 的颈圈及无棉盖体密封。

（三）灭菌

制好后的菌袋竖直放入周转筐内，袋口朝上，每筐 12 袋，周转筐搬运至小推车上，推入输送线上，由专人运送至灭菌锅。采用常压灭菌，在锅中温度上升，稳定至 100~103 ℃时须保持 10~16 小时，快结束时再大火“猛攻”一阵，灭菌结束后停火闷一夜，待料温下降至 60 ℃时把周转筐搬入冷却室。若采用高压灭菌，一定要先排尽锅内冷气，待蒸汽压力升至 0.14 MPa（温度 123~126 ℃）时保持 2~3 小时（灭菌方法同栽培菌种灭菌）。

（四）冷却和接种

灭菌后的菌包应及时移入冷却室内降温，待料内温度降至 25 ℃以下时，即可在接种箱或无菌室内按无菌操作程序进行接种（方法同栽培种接种）。采用固体菌种接种时，应将菌种袋（瓶）表面上部 2 cm 的老化部分去掉，再将杏鲍菇菌种接入袋中。使用液体菌种时，在接种室或净化室超净单元下，将液体菌种发酵罐接种管和接种机相连接，每袋接入液体菌种 20~25 mL。

（五）发菌培养

接种后的菌袋送入发菌室内培养。人工调控室内温、光、湿、氧条件，为袋内菌丝的生长创造尽可能最适宜的条件。

1. 菌袋码放

发菌室内搭建培养床架，将菌袋排放在床架上，这样可以提高空间的利用率。床架一般宽 60~80 cm，长 2~4 m，高 2~2.5 m，层数 4~6 层，层距 40~60 cm，底层离地面 20 cm 以上，顶层距室顶 1 m 以上。

菌袋在床架上卧放堆码排放。

如果没有专门的培养室，可把菌袋放在气温较低的室内或大棚的地上，卧放堆码发菌，具体方式因气温变化而不同。气温在 25 ℃以上时，要将菌袋呈“井”字形卧放堆码在地面上，共堆码 4~5 层。堆与堆之间留出间隙以便通气；或者采取卧排一层菌袋后，在其上排放 2 根木条或竹竿，再排放一层菌袋，如此共堆码 5~6 层，每排菌袋之间留出约 50 cm 宽的人行道。这种堆码方式更有利于通风散热，可避免袋间出现 40 ℃以上的高温烧死菌种。气温低于 20 ℃时，则要将菌袋横放堆码起来，共排放 5~6 层，每排菌袋之间要留有缝隙透气，此法可利用菌袋内产生的热量来增温、保温。

2. 环境因子调控

（1）温度调控

由于杏鲍菇的制袋时间大多在夏末秋初时节，气温较高，温度调控的重点是防止高温烧菌。室内温度控制在 23~25 ℃，最高不超过 30 ℃，最低不低于 18 ℃。若温度适宜，接种后 3 天菌丝即开始萌发；6~10 天，菌丝开始吃料。

夏末秋初时，接种后的 1~8 天，袋内料温一般较室温低 1~3 ℃，此时室温应控制在 26~28 ℃，每天通风 1~2 次，每次 30 分钟。接种后 9~15 天，一般料温与室温相等，室温应在 25 ℃左右，每天通风 2~3 次，每次 30 分钟。当菌丝已吃料 2/3 左右时，由于生理产热较多，料温较室温要高出 2~3 ℃，此时管理的重点是将室温控制在 20~23 ℃，加大通风量，如每天早、中、晚各通风 1~1.5 小时。当菌丝即将发满袋时，应进行催熟管理，每天通风 1~2 次，每次 2 小时。

（2）湿度控制

培养室的空气相对湿度对杏鲍菇菌丝培养阶段的直接影响较小，主要是湿度过大会使棉塞返潮而引起污染；过于干燥又会使栽培袋中水分过分蒸发、散失，导致袋内菌丝生长受阻，影响杏鲍菇菌丝的生理成熟和出菇。因此,一般把空间相对湿度控制在 60%~65%。当湿度过大时,应及时通风、防潮,在地面撒生石灰粉除湿;过干时可采用室内挂湿布或经常拖地等方法来增加室内空气的相对湿度。

(3)光照控制

杏鲍菇菌丝的生长阶段并不需要光照,在完全黑暗的条件下生长更好,因此,培养室应配备遮光设施。如果培养室内受到阳光直射,会引起袋内的培养基和菌丝体水分蒸发,影响正常生长。而且光线会抑制杏鲍菇菌丝的生长,菌丝后期受光刺激,容易形成原基,引起老化。

(4)气体控制

菌丝体的生长对高浓度的二氧化碳表现敏感。当空气中二氧化碳的含量增加时,氧气压降低,会影响袋内菌丝的呼吸活动。通风换气是在菌种培养过程中最有效的增氧方法。要定时监测室内二氧化碳浓度的高低,特别是在室内温度高、菌种袋(瓶)数量过多时。适时通风换气,保持培养室内空气流通,排除二氧化碳等有害气体,保证足够的氧气供应。一般每天早晚通风换气 2 次,每次 30 分钟。

采用简易袋栽培法的菌袋袋口仅用线绳扎口,未上套环、棉塞或海绵盖体,当接种在袋口的菌种萌发长满袋口后,往往会因缺氧而出现菌丝生长停滞。对菌丝长势差的菌袋,可以通过刺孔增氧的方法,用细针在栽培袋口扎 4~5 个针眼通气以加快发菌。刺孔前,要对房间进行消毒,并用 75%的酒精棉球擦拭刺孔用的针和菌袋的被刺部位,刺孔的位置要在菌丝前端生长线后 1~1.5 cm 处,以免因刺孔而造成杂菌污染。

菌丝经过 35~40 天可长至袋底,此后再过 7 天左右,当菌袋的菌丝由生长阶段转入生殖阶段(也称“后熟”)就可移入出菇房。使用液体菌种能够明显缩短培养周期,23 天即可满袋,加上后熟期需要延长到 35 天开袋,为高产积累充足的营养物质。

3. 菌袋检查

菌袋接种10天后，每隔10天左右翻堆1次，同时检查发菌情况，将菌丝长势良好和长势较差的菌袋分开堆放。另外，翻堆时拣出的被杂菌感染的袋子要及时处理。污染轻的可用5%的生石灰水涂抹，或用0.3%的多菌灵溶液涂抹、注射；严重污染的菌袋应集中处理。

由于塑料袋无固定体积，检查菌袋时，往往用手捏袋口提起又放下，这样会造成栽培袋口内外气压差，杂菌易“趁虚而入”，导致越检查、越污染的情况。因此，塑料栽培袋在培养过程中应尽量少搬动。

第七章　杏鲍菇栽培管理

近年来,杏鲍菇的生产发展十分迅速,随着市场需求量的增加,栽培规模不断扩大,杏鲍菇栽培已从季节性栽培向工厂化生产转变。工厂化生产能更准确地控制栽培环境条件(如温度、湿度、光照、二氧化碳浓度),使产品的产量和质量更加稳定。

杏鲍菇栽培方式多样。按照栽培模式可分为季节性栽培和周年工厂化栽培。因所用的培养容器不同,又分为瓶式栽培、箱式栽培、袋式栽培和袋式畦栽 4 种方式,其中最经济实用的方式是袋式栽培。

一、自然季节性栽培

(一)生产季节安排

对于自然季节性栽培,安排好生产季节是获得成功和高产的保证。杏鲍菇的出菇温度范围是 8~24 ℃,最适宜温度为 10~18 ℃,低于 10 ℃和高于 18 ℃都难以形成子实体。因此安排在秋至冬和冬至春的季节栽培较为适宜。当春季气温上升到 10 ℃或秋季气温下降到 18 ℃时就是出菇始期,各地要根据气温和设施条件灵活安排。

杏鲍菇从母种制成原种要 40~60 天,以制袋接种到出菇要 40~50 天,生产季节应予适当提前。例如,华北地区把菌种生产安排在 6 月份,栽培袋生产安排在 8~9 月份。在 10 月中下旬,日光温室通过升温、保温措施,棚温可控制在 10~18 ℃,满足杏鲍菇的子实体生长需求,开始出菇。在西北、华北等地区,则可以把出现 8 ℃以下低温的月份倒推 3 个月(90 天),即为正常制作栽培袋的时间。

冬季气温较高的地方,可安排在全年气温最低的 12 月份至次年 2 月份出菇,既可以在元旦、春节前供应市场,又能在 3~4 月份天气转暖前结束生产。另外，杏鲍菇有个特点，头批菇未能正常形成和生长时，一定会影响到第二批菇的出菇，从而影响整体产量。因此，无论南方、北方都应根据出菇温度来安排适合当地情况的栽培季节，以获得高产。

此外，杏鲍菇的菌丝较耐老化，因此，栽培袋的接种还可以比常规制袋接种的时间再提前 1~2 个月。先培养好菌丝，待适宜出菇时，再搬入出菇房（棚）出菇，可避免错过最佳出菇季节。若因故耽搁了秋季制种时间，或春季想提前栽培，也可采取“跳级”生产菌种的办法，即制作大量的麦粒（或谷粒）原种，将原种作为栽培种使用，中间可省下 30 多天的菌种生产时间。

（二）栽培方式

杏鲍菇栽培因出菇场所不同而分为温室大棚出菇模式与人工控温菇房、冷库、防空洞、窑洞等室内栽培模式，不同栽培方式其管理操作亦不相同。较为常见的是大棚排袋袋栽、袋栽覆土和室内袋栽出菇管理。

1. 大棚排袋袋栽出菇管理

利用塑料大棚设施生产杏鲍菇，其优点在于比较容易保持温度和空气相对湿度，菇体生长较好。特别是在北方和南方冬季温度最低的月份，仍能正常出菇。缺点是建棚投资较大，造成生产成本上升，若能使用现有的温室大棚稍加改造，则成本要低得多。

袋栽杏鲍菇的出菇方式大体分为直立式排袋出菇、横卧式排袋出菇和覆土出菇等几种方式。菌丝长满栽培袋再经过 7 天左右的后熟阶段，当气温降至 18 ℃以下时，即可把菌袋从培养室搬至大棚进行催蕾出菇。

（1）排袋

1）直立式排袋出菇。即将菌袋竖直排放在菇棚内的床架或地面上。此法适用于一端接种的方形折角塑料栽培袋，也适用于两端接种的短袋。

菌棒进棚之前，在棚内地面上应先撒一薄层生石灰，再划分多个培养区域，每个单元以宽 1~1.2 m、长 10~20 m 为宜，单元间的走道宽约 60 cm。有条件者可在走道上铺一层砖或粗沙，一是可以贮藏水分，不断向棚内蒸发保持湿度；二是可以方便操作人员在棚内走动不踩泥。

采用直立式排袋出菇时，菌袋之间要留有 2~3 cm 的距离，产出的菇质密实，品质好，但产量较低、占地面积较大。

2）横卧式排袋出菇。即将菌袋单层或多层卧排在菇棚内的床架或菇棚内的地面上，可以有两种方式。

第一，墙式出菇：在棚室内靠墙做宽 30 cm、高 5 cm 的土埂，将菌棒一袋挨一袋横卧排在地面上，共堆码 6~7 层形成一排菌墙，此为墙式出菇法。菌墙的两端可用砖、竹竿或木桩等固定。

单垛一头出菇：排放时，每层菌袋为单排，一层菌袋的袋口朝右，另一层袋口朝左地重叠堆码起来，此方法利于两边出菇和气体交换。

双垛两头出菇：每层菌袋为双排，袋底相对，袋口朝外，堆积排放成菌墙，使菌墙的两边都能出菇。

第二，床架出菇。杏鲍菇栽培袋多为短袋，可在床架上进行多层卧式单排或双排出菇。采用单排法，可将菌袋单排横卧于床架上，每层床架叠放 3~4 层菌袋。采用双排法时，可将菌袋并排横卧于层架上，每层床架叠放 3~4 层菌袋，相邻菌墙之间留出宽约 80 cm 的走道（菌袋在两头出菇）。采用一端已封口的菌袋栽培出菇的，则可采取双排堆码，即袋底部靠底部地排袋出菇。

与直立式袋栽法相比，多层卧排出菇法具有空间利用率高、生产成本低、管理方便、经济效益较高等优点。但在南方地区，因自然季节气温较高，堆积后的菌袋易温度过高，所以不太适宜采用此法。另外，若短袋的侧面已有原基形成，在排袋时亦要单层排放，以利于开口出菇管理。

（2）催蕾

杏鲍菇属于原基发生快的菇类，人工条件下从原基分化到菇蕾形成的难度很大，因此催蕾是出菇管理的关键。当菌丝长满袋后，再经过 7 天左右的后熟期即可进行催蕾，通常有两种方法。

1）不开口催蕾。因为杏鲍菇栽培需要低温和温差刺激，栽培袋可先不开袋。夜间打开大棚边门薄膜通风口，加大通风量，白天封闭大棚，以此来加大昼夜温差刺激。将棚内的温度控制在 10~18 ℃，空气相对湿度保持在 85%~90%，有适量散射光，经 8~15 天，菌丝即可在袋口料面形成白色团块状、齿轮状的原基，进而分化成菇蕾，这时应及时解开菌袋袋口，将袋膜向外翻卷下折至高于料面 2~5 cm 处，或将料面袋膜割去。这种管理方法简单方便，出菇快、成功率高，但出菇速度不一，整齐度差。

2）开口催蕾。当菌丝长满袋后，继续培养 10 天左右，取掉棉花塞和套环，把塑料袋口翻转至靠近培养基表面，之后在袋口上盖无纺布或报纸喷水保湿，或是先开一个小口，以免料面干燥。气温较低时，也可以覆盖塑料薄膜促其出菇。棚内保持空气相对湿度 90%~95%、气温 12~15 ℃、适量散射光、空气清新。对于直立式排袋出菇，也可在排袋后立即打开袋口进行催蕾管理。

棚室内的温度不同，形成原基的速度也有所差异。当温度在 12~15 ℃时，保持空气相对湿度 90%~95%，空气清新，散射光，一般经 7~8 天就可形成原基。当温度在 8~12 ℃时，原基形成的时间则需要 10~15 天，而且原基往往成球状，温度越低，球形原基越大，越不容易分化成菇蕾。当气温回升时，有的球形原基经过 3~5 天可分化成菇蕾；如果气温继续下降，则球形原基越变越大而无法形成子实体，一般应及时去掉球状原基，重新调温催蕾。气温在 16~18 ℃时，原基发生快，但要注意当气温超过 18 ℃时，不利于原基形成。

另外，在排袋前后原基尚未形成时，还可对菌袋进行搔菌处理。杏鲍菇不搔菌也可出菇，但搔菌后可减少原基分化数量，更有利于形成原基和定向出菇，使出菇整齐均一。搔菌还能防止原基在老菌种块上形成，使幼菇生长健壮。

搔菌前，将准备出菇的一端或两端的袋口打开，用75%的酒精棉球消毒铁钩、小刀或长柄镊子等，将袋口料面中央部位的老菌种块及其周围的一部分菌皮去掉（大小为直径2~4 cm的圆形），后整平料面。搔菌后，最好再将袋口封住，让菌丝恢复生长3~4天后，再喷水保湿，诱导原基形成。

（3）疏蕾

原基形成后的2~4天就可分化成菇蕾。温度越适宜，产生的菇蕾数越多。但对于杏鲍菇来说，菇蕾数若太多，长成的子实体形似平菇，柄短、盖薄、开伞快，而不是柄长、外形美观、品质优良的子实体。当气温或通气等环境条件不适合时，还会发生子实体停止生长、众多子实体枯萎变软的现象。所以，与其他菇类不同，袋栽杏鲍菇一般都要进行疏蕾，将较小的、外形不正或球形的菇蕾去除，留下较大、强壮、正常的菇蕾继续生长。疏蕾工具可选用锋利的小刀，将多余的原基切除，只保留较健壮的4~5个原基，最后保留2~3个健壮正常的小菇蕾。疏蕾的时间点，以菇蕾为2 cm大小时为宜。菇蕾太小时影响正常生长，而且还可能要进行第二次疏蕾；太大时会影响袋栽产量。出现球形原基时应当去除，袋口覆盖湿布保湿；最好能升温至13~15 ℃，让新的原基尽快发生。新原基发生后，疏蕾方法同上。

（4）子实体发育调控

对自然季节性栽培来说，根据子实体的发生、发育条件，选择合适的栽培季节，控制好温度、湿度、氧气和光照等环境因子，是成功进行杏鲍菇栽培的一项重要技术。

第一，温度。杏鲍菇子实体形成和生长的温度范围窄，对温度极为敏感，子实体正常生长发育温度范围在10~18 ℃内。温度高时生长快，成熟期缩短；温度低时成熟期长。气温15 ℃以上时，从菌蕾形成到成熟，最快5天左右；低温时，需要15天以上。幼蕾期，棚内的温度应控制在 15~18 ℃;幼菇期,为促进子实体旺盛生长,棚内的温度应控制在 12~15 ℃。在整个生长期,菇棚的温度应严格掌握,不要低于 10 ℃,不要高于 25 ℃。

气温低于 10 ℃,子实体生长缓慢,甚至停止生长,菌盖色泽呈现深灰到灰黑色,菌柄短,有的菌株在原来光滑的菌盖上出现粗糙的突起,温度越低表现越明显。在 16~18 ℃,子实体能正常生长,生长速度快,菌盖色泽为浅棕色。气温超过 18 ℃时,子实体则易发生细菌性病害,出现暗黄色的液滴,菇体腐烂发臭,传染速度极快,可致使整个棚室菌袋感染。短期高温对菇的生长尚不会造成大的不利影响,但若连续两天棚室气温超过 25 ℃,子实体则会变软、萎缩、腐烂。

因此,若遇高温应加强通风或喷水降温;若遇低温则应减少通风或实施增温。子实体成熟期对温度的要求与生长期基本相同。冬季低温季节,特别是在我国北方地区,棚内温度维持在 8~17 ℃,使其缓慢生长,在这样的温度条件下长出的杏鲍菇子实体往往更结实、紧密。另外,由于冬季气温较低,可以适当减少棚顶遮阳物的厚度,以有利于提高棚内温度。

第二,湿度。幼蕾期,菇房(棚)内的空气相对湿度宜保持在 85%~95%;幼菇期,空气相对湿度宜控制在 90%左右。湿度太低,子实体会萎缩并停止生长;而在子实体发育期间,空气相对湿度则应控制在 80%~85%,绝对不能长期处于 95%以上。尤其是在气温高的情况下,更不宜湿度过大,否则易导致病害发生或菇盖发生病变。子实体采收前 1~3 天,即成熟期,要停止喷水,使湿度下降到 75%~80%,以降低菇体上的水分,提高鲜菇的品质,延长保质期。菇棚内的空气湿度调整主要靠喷水来增加和通风来降低。若发现菇棚内湿度不够,可用喷雾器对菇棚四周及床架喷水,以提高棚内相对湿度。只有在温度低于 15 ℃时,才能直接喷水在菇蕾、菇袋上;温度高于 18 ℃时,则调湿可改在早晚进行,采用少量多喷的方法,并且不能对准菇蕾喷水,以防止细菌大量繁殖,致使菇体黄化、腐烂。喷水时不要关着门，喷水后需适当通风，以免菇盖表面积水。

如果环境特别干燥，保湿困难的，可用塑料薄膜围盖住每垛菌袋，人工创造小气候环境保湿；或者在子实体上套一个塑料袋，并拉直成筒状，但袋口要敞开通气，这样才有利于保湿并避免二氧化碳浓度增高。

第三，氧气。菇蕾发生时，若氧气充足，则出菇速度快，生长正常。子实体的生长同样需要新鲜的空气，否则在较高的二氧化碳浓度条件下，很容易造成菇柄伸长，长成盖小柄长的畸形菇。当棚内的二氧化碳浓度超过 0.1%时，子实体难以正常发育，出现萎缩停止生长，然后在已萎缩的子实体上，再分化出畸形小菇成树枝状，从而影响商品价值。

棚室通风不良还易发生病虫害。因此，出菇阶段必须注意经常通风换气，调节菇棚内的空气。调节空气一看天气，二看菇相。气温高的季节出菇多，菇棚内的二氧化碳多，须加大通风量，降低菇棚温度。当气温在 18 ℃以上时，通风多在早、晚或夜间进行；阴雨天，则可日夜通风。气温低时，可适当减少菇棚的通风次数和时间。当气温在 14 ℃以下时，通风宜安排在白天。

在幼蕾期，结合喷水每天通风 1~2 次，每次 30~40 分钟；幼菇期，加大通风量，结合喷水每天通风 2~3 次，每次 1 小时左右；生长期，根据天气情况，增加通风次数，延长通风时间，以确保生长旺盛的子实体对氧气的需求；成熟期，注意保持通风良好。增加通风量，虽然菇盖会增大，但有利于控制细菌感染病害，保证产量。

第四，光照。杏鲍菇子实体的发生和发育阶段，为了生产出性状佳的商品菇，在原基形成后，需要一定的散射光照。自然季节性栽培，白天的光照以 500~1000 勒克斯之间的中等强度为宜（注意不要让直射光照射），可采用遮阳网或是通过揭盖草帘等挡住直射强光。

幼蕾和幼菇期，强光和阳光直接照射会导致菌袋和菇体水分过度蒸发，对子实体生长和培养极其不利，并使子实体菌盖变黑，影响菇的外观色泽和品质。

大棚栽培杏鲍菇时，在幼蕾期和幼菇期，每天上午 11 时前、下午 3 时以后，可每隔 4 个草帘揭一个草帘，造成“八分阴二分阳”的阴凉环境。在生长期和成熟期，可每隔 3 个草帘掀一个草帘，造成“七分阴三分阳”的阴凉环境。

(5)采收

当子实体菌柄长度达到 6~10 cm，菌盖稍内卷、近平展时立即采收。因为子实体的生长速度较快，推迟一天采收，菌盖即展开上翘成漏斗状，口感变差，质量下降。采收时要采大留小，用刀割下适收的子实体，留下幼菇继续生长。生长较整齐的要整丛摘下。气温高于 18 ℃时，每天要采收两次。采收下来的菇整齐地轻轻放入箱(筐)中。

(6)转潮管理

杏鲍菇的产量主要集中在第一潮(其第一潮菇的生物学效率通常超过 50%，即 100 kg 干培养料可产鲜菇 50 kg 以上)，占各潮总计产量的 70%左右。第二潮菇朵型较小，菇柄短、产量低，并且转潮也较慢，故一般只采收一潮菇。当然，也可以进行两潮菇及多潮菇的出菇管理。

采完一潮菇后，适当养菌 5~7 天，促使菌丝恢复。将袋口、料面清理干净，并清洁菇房(棚)，停止喷水，降低湿度，提高温度，减少通风，遮光，让菌丝积累养分，恢复生长，以利于第二潮菇蕾的形成。然后催蕾，待料面再现原基后，可重复出菇管理，出二潮菇。二潮菇的间隔时间在 15 天左右。一般一次播种可收获 1~3 潮菇，整个栽培周期为 2~4 个月，总的生物学效率可达 80%以上，商品率为 80%~90%(即 100 kg 鲜菇，经剪根、去杂质、剔除劣质菇后，可得商品净菇 80~90 kg)。在实际生产中，因菇期不集中，栽培时间不一致，不可能进行一致管理，但并不影响杏鲍菇的质量。

直接开袋的出菇方式，出菇早、菇形好、优质菇率较高、采菇方便、省工省时，但是总产量低。袋内培养料水分散失快，第一潮菇的菌袋养分、水分充足，出菇齐，朵形好，优质菇率高，但第二潮、第三潮菇由于菌袋养分、水分不足导致出菇不齐，一般只有 1~2 个菇蕾能正常生长，产量低，外观品质差，存在较多的盖小柄小的次品菇，对商品销售不利。因此第二潮菇以前的补水也很重要，这时栽培袋中的培养料较干，可以把水加到袋中，淹没整个料面 12 小时以后再倒出，在菌袋口覆盖纱布或湿报纸保湿。

2. 袋栽覆土出菇管理

袋栽杏鲍菇的第 1~2 潮菇，通常能有较高的产量和质量。第二潮菇以后，往往产量降低、质量下降，子实体出现菌盖小、肉薄或干瘪发黄，畸形，甚至不能形成正常子实体的状况。因此，生产上常采用覆土栽培，即发菌后的菌袋直接覆土出菇，也可在出过 1~2 潮菇后再覆土出菇，能明显提高杏鲍菇的生物转化率。

覆土出菇增产的原因主要有以下几个方面：①土壤的团粒结构（细粒土粒径 0.5~1.5 cm）使其透气性好、持水力强、干而不成块、湿而不发黏，具有保水保肥的作用。②覆土利用了土壤的肥力、水分及有益微生物，有利于补水追肥。土壤自身含有大量的有机物和矿物质元素，这些物质通过土壤的淋溶作用也可向培养料中补充水分和养分，促进菌丝由营养生长向生殖生长转化，增强出菇后劲。③土壤还具有保护作用，避免栽培料完全裸露在空气中，减少杂菌污染和病虫害的发生。④埋在土壤的菌袋温度与地温接近，温差小有利于杏鲍菇生长。

另外，覆土栽培不会出现袋栽时头潮菇出菇难的现象，提高了转化率，出菇质量明显改善，且管理方便，成本低。多次试验已经证明，杏鲍菇覆土栽培比不覆土栽培产量高，覆土早比覆土晚产量高。

（1）畦式覆土栽培

首先说覆土前准备。

1）覆土材料及处理。取菜园地 20 cm 以下的潮土，过筛后按每 100 kg 加草木灰 6 kg，三元复合肥 1 kg，发酵好的干制鸡粪 3 kg，克霉净 100 g，氯氰菊酯 10 mL，生石灰 2 kg，混合后既做覆土材料又当营养肥使用。

此外，也可用不添加营养成分、新鲜、病原菌及虫口很少的壤土，如菜园中的中层土、田土及河泥土，但要求土质疏松肥沃，吸水保水性强、pH 值为 5.5~7.5 的土壤。使用前，先将土壤暴晒 2 天，再用菇虫净乳油 1000 倍和多菇丰 1000 倍混合液喷洒于土中，喷到不滴水为止，或者拌入 2%的石灰，或用 5%的甲醛溶液喷雾消毒处理。拌匀后用薄膜闷盖 3 天便可使用，经如此处理后，能有效地杀死土中的虫卵和杂菌，杜绝出菇期病虫害。覆土材料的质量安全指标均须符合杏鲍菇无公害生产的要求。

2）畦坑（床）建造。在大棚内挖宽 100 cm、深 25 cm 的畦坑，四周开好排水沟，在坑底及周围喷一遍杀虫剂和 pH 值为 10 的石灰水以杀虫消毒。

其次，覆土方式也有不同的方式。

1）畦式脱袋覆土栽培

• 脱袋。将杏鲍菇菌棒完全脱去塑料袋后，整齐地立排于畦中，菌棒间距 2~3 cm，间隙用消毒土填平，菌棒上部先用粗土粒覆盖 2~3 cm，然后再覆盖 1 cm 左右厚的细土粒，整齐畦面，浇透水，料面残土用水冲掉，这样长出的菇体洁净。已形成了原基的菌棒，排放时将有原基的一端向上，以便于子实体长出土表。

• 覆土后的管理。畦床覆土后主要是进行保湿和控温等项管理，诱导子实体形成并长出土表。对浇水后再覆土及覆土后未浇水的，覆土后即可开始喷水、补水。用轻喷、勤喷的方法，每天喷水 2~3 次，在 2 天内使土粒全部湿透；对覆土后再浇水的，开始几天可不喷水，当土壤表面发白干燥时，再及时喷水。总之，要始终保持土壤呈湿润状态。同时，要将环境的空气相对湿度保持在 85%左右；温度控制在

10~18 ℃,昼夜温差在 8 ℃以上,最高温度不超过 20 ℃;保证菇场空气新鲜,并有一定的散射光。

一般情况下,覆土后的 7~10 天,畦床上就会形成大量的菇蕾。菇蕾形成后,温度要控制在 12~18 ℃,最高不得超过 22 ℃。同时,要提高环境湿度,将空气相对湿度保持在 85%~95%,并始终保持土壤湿润。在提高湿度的同时,还要加大通风量。根据具体情况,每天喷水 2~3 次,通风换气 1~2 次。土壤为湿润状态时,可不喷水;若土壤偏干,可适当喷水保湿,但要在温度低于 18 ℃时,才能将水喷在菇体上。喷水时要喷细雾水;喷水后适时通风换气。覆土栽培的杏鲍菇,子实体多为丛生,出菇整齐。

• 采收及采后管理。当子实体长到七八成熟要及时采收。采收要将整丛菇摘下,不留菇脚;或用刀割长大的菇,留下小菇继续生长。要边采收边用小刀去掉泥沙,整齐地装入箱(筐)内,严禁菌盖和菌柄上附着泥沙。一潮菇采收后,要将采菇的地方整理干净,清理掉菇柄残茬,用土覆盖好;若土层缺水要及时补水,保持覆土层湿润。整个菇场基本采收一潮菇后,要考虑补施增产剂,结合灌水或喷水时施用。

2)畦式半脱袋覆土栽培

此法是将菌袋的下半部分塑料膜"环割"剥去,立于菌畦内。将暴露的菌棒部分用覆土材料完全覆埋,并剪掉袋口部分。其菌棒的制作及出菇管理与前述覆土栽培法类似,此处略过。该方式介于立式栽培和覆土栽培之间,出菇洁净、肥大,产量较高且稳定,是较好的栽培方式之一。但在生产中,也存在操作费工、费力等弊端。另外,与立式栽培相比,其菇体含水量偏高,货架寿命要相对短一些。

3)不脱袋覆土栽培

此法是在杏鲍菇菌丝发满袋后,不脱去塑料袋,而直接打开栽培袋一头,拉直袋口立式排放,在培养料表面覆盖上一层经消毒处理后的湿细壤土的栽培新技术。由于杏鲍菇菌丝不在覆土中蔓延,不会吸收覆土中的重金属和其他有毒物质，土壤只是起着覆盖、保水和保温作用。

覆土的厚度以 2 cm 厚为宜，再浇一次透水，水中还可掺入 1000 倍的菇虫净和菇菌清，以防止菇蚊产卵并减少细菌感染。然后剪掉覆土层以上多余的塑料袋，防止料袋内出菇面上积水导致子实体腐烂。菌袋按常规管理出菇即可。该法出菇个头均匀，产量较高且稳定。但此法同样存在菇体易附着泥土、含水率较高等弊端，产品适宜内销，或用于加工盐渍品等。

（2）林地畦式覆土栽培

林区、果园的农户可利用房边林中场地因陋就简进行出菇，此法具有遮阳度好、湿度适宜、用工少、管理方便、场地不受限制的特点。具体操作方法如下。

在林中挖 1~2 m 宽略呈龟背形的厢，长度不限，清除厢面落叶杂草，撒上一层生石灰，将发满菌丝的菌袋除去塑料袋，竖直放在厢面上，每袋间距 3~4 cm，中间填充林中腐殖质土，但不能将菌棒完全覆盖，菌棒面露出覆土表面 2~3 cm 高。腐殖质土用前最好先用药物熏蒸消毒或暴晒，调节含水量至 30%~40%，以手握成团，丢下即散为佳。覆土层如含水量过高，会造成菌丝透气不良，有害微生物滋生，浸染杏鲍菇菌丝，导致菌丝体死亡、产量低。若遇阴雨季节，厢面须盖上薄膜或搭小拱棚防雨。由于是在野外栽培，畦面上方可搭塑料棚遮光、保温、保湿。温度偏高时，要在塑料棚上盖上草帘或遮阳网，遮阳降温。温度低于 10 ℃时，则要增加光照，升高棚内温度。如此管理，可收 3~4 潮菇，生物转化率达 100%以上。

（3）泥菌墙覆土栽培

泥菌墙覆土栽培技术是在菌袋卧排立体育菇法的基础上改进而成的。它能充分利用出菇场地的空间，提高土地利用率。同时，此法能较好地保持菌棒内水分的平衡，较大限度地满足杏鲍菇生长过程中对水分和养分的需求，比菌袋两端出菇法可增产 30%左右，是一项增产效果显著的实用栽培技术,适用于各类菇房、塑料大棚、日光温室等。

1)菌墙码放:泥菌墙的建制分为单排和双排泥菌墙两种方式。

第一,单排泥菌墙。先在地面上铺一层砖(也可不铺砖),将菌丝生理成熟的袋子(或出过第一潮菇后的菌袋)脱掉外层的塑料袋,菌棒与菌棒紧密相挨,在砖上平摆一层,然后在菌棒上平铺一层较湿的泥土,厚度为2 cm左右,而后再摆一层菌捧,再平铺一层泥土,一直垒放5~8层菌棒。将左右两侧的菌墙涂抹上2 cm厚的泥土。菌墙顶层的泥土要厚一些,并留有可以注水的小孔。相邻菌墙之间的间隔距离为80 cm左右,方便人员走动和操作。

第二,双排泥菌墙。脱去塑料膜后的菌棒呈双排横卧摆放,菌棒间距20 cm左右,中间填满泥土,菌棒上层覆2 cm厚的泥土。依此类推,平摆5~8层菌棒,上部的泥土层要厚一些,两排菌棒中间要稍凹一些,以利于后期补水。菌墙的外面两侧,可不用泥土覆盖。

2)覆土后的管理:覆土后5~10天,要保证菇场达到品种适宜的出菇温度,场内的空气相对湿度须达到80%以上,空气保持新鲜,给予一定的散射光和一定的温差刺激,以促进菇蕾尽快形成。

在温度、湿度等条件适宜的情况下,覆土后15天左右,菌袋内就会出现大量的菇蕾。现蕾后要加强菇期管理,每天喷水2~3次增加湿度,使空气相对湿度达到85%~95%;增加通风量,每天通风2~3次,每次30~50分钟,保证杏鲍菇对氧气的需求,防止因氧气不足而出现畸形菇和菌蕾分化迟缓。给予一定的散射光,但光线不可太强,否则会加快水分的蒸发,影响子实体的正常生长发育。

在菇期管理中,除每天喷水保持环境湿度外,还要定期向覆土的菌墙内灌水,以保证菌墙、菌棒内的水分平衡。灌水的时间和灌水量以菌墙上下层泥土的含水量而定。当菌墙上层或下层干燥时,要及时灌水补充,补水量以达到泥菌墙保持潮湿为宜。温度高时,灌水的时间间隔要短一些;低温阴雨天气,灌水的时间间隔宜长一些。

3)适期采收:在适宜的条件下,从现蕾到接近成熟需要7~15天。当菌盖完全伸平、中间凹陷处有绒毛状物,菌褶尚未弹射孢子时,要及时采收。由于用手拧菇会破坏泥土层和培养料,影响下一潮菇的形成和生长,所以采收时一般用刀割法。采收后,要及时清理采菇面,并将泥土墙面整理好,并及时灌水。

4)补充营养:采收一潮菇后,可结合灌水给菌棒补充一定量的营养物质,以促进菌丝进一步生长发育,一般常用复合营养液灌水法补充入菌墙。营养液通常采用0.2%尿素水溶液或0.2%尿素+0.1%磷酸二氢钾水溶液或合理配制的增产剂。

(4)双排菌墙覆土栽培

此法菌袋排放紧凑,覆土用量少,菇体不附着土粒,增产效果显著,适于在大棚和日光温室内出菇,可充分利用棚内空间,提高单位土地的利用率,是一种值得广泛采用的栽培方法。

栽培袋通常采用(17~20)cm × 34 cm × (0.004~0.005)cm规格的料袋,每袋装干料0.5 kg,小袋可以充分提高培养料的利用率。

1)菌袋排放与覆土:将一端去掉塑料膜的菌袋(去膜的一端朝里,未去膜的一端朝外),并列排成两排,两排菌袋之间的空隙距离为10~20 cm,一直往上垒至1 m左右的高度。菌墙的长度根据棚内的空间决定,两端可用木桩或砖墙等作为支撑。相邻菌墙之间的走道宽80 cm左右,方便人员走动和操作。

在两排菌袋之间用肥土填满。肥土可用肥沃的菜园土,或在一般的土壤中加入3%~5%优质有机肥,或加入0.1%~0.2%化学肥料,如尿素、复合肥等。

2)覆土后的管理:覆土后,在两排菌袋中间的土层内注水,使水分充分渗透到下层。加水后,若冲刷掉的土层较多,可适当增大土量,使土层能够同菌袋的高度相平。经常在棚内喷水,保持土层潮湿,空气相对湿度稳定在85%左右为宜。适当增加通风量,并给予一定的散射光照射。维持棚内适宜的出菇温度,井给予一定的温差刺激。经过 12 天左右,菌墙两端的菌袋就会形成大量的菇蕾。菇蕾形成后,增加菇棚的通风量,每天通风换气 2~3 次,每次 30 分钟,将空气相对湿度提高到 85%~95%,以便菇蕾能快速生长发育。在适宜的条件下,7 天左右杏鲍菇即可成熟。

3)采菇后的管理:适时采收后清理料面,及时补充水分和营养,促进下一潮菇的生长。营养补充可结合灌水进行。配制 0.1%~0.2%的尿素水溶液,或 0.1%~0.2%的复合肥水溶液,注入覆土层,也可采用其他增产剂。

(5)杏鲍菇覆土栽培应注意的问题

由于杏鲍菇的菇蕾形成太多时会互相争夺营养,很难全部长成商品子实体,所以要控制菇蕾的形成数量。

在桑葚期、珊瑚期不能向菇蕾直接喷水,要待幼菇形成后再喷雾状水,喷水要轻要细。每天早、晚各通风 1 次,每次 30 分钟。晴天加厚覆盖物以遮阳,阴天则减薄,经 10~20 天即可形成原基。

整袋卧式覆土出菇法,此法现蕾时间最长,不利于提前出菇,产量也较低,空间利用率也仅为整袋竖式出菇法的 50%,因此这种栽培方式不适于生产推广,覆土时菌袋最好竖放。

3. 室内袋栽出菇管理

室内栽培指利用闲置房屋、冷库和保温板等建造的简易设施作为出菇房栽培杏鲍菇,菌棒在地面堆叠码放或摆放在出菇架上。使用出菇架出菇具有提高空间利用率、节约用地、通风效果好、操作管理方便、受外界环境变化干扰较少等优点。

(1)夏季冷库反季节栽培

常规季节性栽培的杏鲍菇,多于 12 月份至翌年早春上市。近年来,随着农产品保鲜冷藏加工业的发展,各地的冷藏库容量较充足,每年的 7~8 月份为冷库的休闲期,若充分利用在夏季产杏鲍菇,经济效益较好。保鲜库要求满足通风、干燥、温湿度易调等基本条件。

1）发菌培养：料袋接种后正处于气温逐步升高的夏季，而杏鲍菇的发菌培养温度以23~26 ℃为最适宜，不可超过28 ℃。自然气温与常规栽培的温度差别很大，因此，发菌室应选择阴凉避光的场所。一般培养室可采取门窗挂草帘遮挡阳光、菌袋疏散排叠、菌袋勤翻、白天开风扇、夜间开窗等措施降温，以免高温烧菌。最好采用高—低—高的发菌温度，进行菌袋培养。当菌丝长至全袋的1/4时，适当在袋的两端扎孔通气，利于菌丝生长。发菌期间要严格检查被污染的菌袋，并及时处理。

2）入库排袋：菌袋进库前必须彻底清理冷库内的残留物，搞好地面和台架的清洁卫生。然后关闭门窗，每立方米空间用4~6 g气雾消毒剂进行气化消毒。24小时后开启库内的排气设施及门窗，进行空气更新。此外，一定要在菌袋进入冷库前进行挑选，将有病虫浸染的菌袋全部剔除。

由于冷库生产是一种比较耗能的方式，为了充分利用冷库空间和减少能耗，建议搭建出菇床架。出菇床架长10 m× 宽1.2 m× 高2.7 m，以5层为宜，层高40~50 cm，底层离地面20 cm，以便于操作和增湿通风。果品冷库设有台架的，可采取立袋排放，袋间距约2 cm；无台架的冷库，可采取平地等高墙式垒叠6~8层。

3）诱基催蕾：菌袋排叠后，即进入诱发原基、分化菇蕾阶段，可根据排袋方式开口。立式排袋的，将袋口的套环棉塞取下；若是袋口扎绳的，应解开绳口，增加袋内的透气性。待幼蕾出现时，把袋口拉直，并用报纸覆盖袋口，喷水保湿。墙式叠袋的，可单向开口一头出菇，也可双向开口两头出菇。库内采取空气喷雾增湿，不宜直喷袋内。开口透气后，菌丝新陈代谢加快，导致库内温度上升，此时应开启排风机通风换气，将库温调节在12~15 ℃，以促进原基分化。若高于18 ℃，则原基难以形成菇蕾；低于10 ℃，则不容易出菇。

4）出菇管理：冷库栽培杏鲍菇时，由于库内温度、通风、光线与常规栽培的自然条件差别较大，容易出现畸形菇。因此出菇管理技术性较强，要达到优质高产，有以下要求。

一是要做好疏蕾控株。当幼菇菇蕾发生过多时，必须摘除多余菇蕾，去劣留优。

二是严格控制库内温度，温度以 12~18 ℃为宜，不得超过 20 ℃，高温下容易发生生理性病害等问题。

三是调节好库内湿度。杏鲍菇耐旱性较强，子实体生长发育期间，空气相对湿度保持 85%即可。冷库增湿主要是利用排风机通风，让外面的热空气进入冷库后遇冷产生湿气，从而使库内自然形成一定的空气湿度，达到控温、保湿与通风的协调统一。若空气湿度偏低可采用微喷，并及时开启排风机（扇）通风换气，防止二氧化碳浓度骤增，菇体畸形。

四是库内保持合适的光照强度。由于冷库四周密闭，光线较暗，容易使菇体发生畸形。为此，可在库内每隔 10 m 左右，竖立安装 1 只 60~100 W 的普通白炽灯或 LED 灯带。采用顶灯、壁灯相结合，使光源分布均匀，定时开闭，光照度不低于 500 勒克斯，才能促进菇体正常发育。当菇体长至 8 cm 以上，或伞盖将平展时采收。采收后，把菇体打冷至 1~5 ℃进行包装，可在真空袋、泡沫箱保存 5~8 天。低温冷库内二氧化碳浓度比正常生产季节出菇房的浓度高，致使菇盖生长慢，菌柄增粗，鲜菇商品率很高。

（2）冬季反季节栽培

寒冷的冬季栽培杏鲍菇时，环境温度不能满足杏鲍菇子实体生长的需要，选择保温效果好的菇房进行栽培，通常需要用人工加热升温的方法保证栽培成功。

北方地区可选择简易保温板房，南方地区则可选择塑料大棚，利用太阳光照和棚内加热升温同时进行保温，满足子实体生长所需的温度。一般的棚室要内置专门的加温设备，如加温火道等。有条件的地方还可以用高压蒸汽炉，不但可给菇棚加温，还可保持菇房内的湿度。高压蒸汽炉 1 天可间隔释放热蒸汽 3~4 次，每次约 30 分钟。

这是目前冬季最好的加温、保湿措施。此外,还可利用密封性能好的普通民房,在室内安装加热升温设备进行栽培。加热设备一般有两种:一种是在室内安装暖气管道,通过蒸汽管道发热来升温;另一种是安装取暖炉等加热器,可根据菇房大小,来确定加热器数量。

在菇房内出菇,应搭建床架堆码料袋进行立体栽培,一是可提高菇房的利用率,二是有利于保温。出菇架有平铺和立式两种,平铺出菇层架是利用可拆卸的镀锌管和网架组装成的立体层架,耐腐蚀、安装方便、使用年限长。层架适用于袋栽和瓶栽方式。将菌袋(瓶)竖直排放于出菇床架上,菌棒袋口(菌瓶口)朝上出菇生产。立式出菇网格架由网片和定制的边框或立柱组装而成,规格多为(1.23~2)m×(2~2.63)m,网孔孔径150 mm×150 mm,立柱间距和网格孔排列可以根据生产场地而定。菌棒横向插入网片的网格,使得每个杏鲍菇菌棒都可以独立开来,便于单个菌棒的取放和管护,提高鲜菇产量和品质。

立式出菇架也可用木材、竹竿或钢材等搭建,高约2 m,宽18~20 cm,层距约40 cm,下层距地面20 cm,顶层距屋顶约1 m。床架与床架间相距50 cm,菌袋横卧码放在架上。

利用具有增温保温条件的阳光温室大棚出菇时,可直接在棚内地面将菌袋堆叠6~8层进行发菌,也可将菌袋或菌瓶排放在床架上。码放时要整齐紧凑,以便保温。按常规进行管理。待袋(瓶)口培养基上方菌丝扭结成白色的组织块(原基分化前兆)时,就可打开袋(瓶)口,开始出菇管理。菌袋开口不宜过大,以免出菇过多,使子实体瘦小、质量下降。

出菇方式可以菌袋一端或两端开口直接出菇;也可摆放成单排泥菌墙、双排泥菌墙等形式。不同的出菇方式及管理技术,与前面相应的方法相同。

子实体生长发育期间,要根据冬季育菇的特点,在常规管理的基础上,重点注意以下管理细节。

1)温度控制:杏鲍菇出菇快慢与温度有很大关系,通过日晒或人为加热升温,将棚室内温度控制在13~20 ℃。当温度在13~15 ℃时,出菇和生长最快,菇蕾数多,生长整齐。出菇后若气温在13~18 ℃,菇体生长快,15天左右即可采收。若室温低于8 ℃,菇蕾不会发生,即便已伸长的子实体也会停止生长,并逐渐萎缩、变黄直至死亡。当气温超过21 ℃时也很难现蕾,已形成的菇蕾也易萎缩、死亡。有的菌株在室温超过18 ℃时易发生病害,即使长成子实体也很难开伞,产量很低。而有的菌株在室温超过21 ℃时才会发生上述症状。因此,要根据所栽菌株对温度的敏感性及出菇时的气候情况灵活掌握、调控适宜的出菇温度,以利于获得高产。同时注意,不要出现温度突降的情况,以免子实体停止生长,导致死亡。

2)湿度控制:出菇时,室内的空气湿度应保持在85%~90%,湿度太低子实体会萎缩并停止生长,原基干裂不分化。保湿方法主要是向地面、墙壁及覆土上喷水。事先将喷洒用水贮存在菇房内,使水温与室温一致,不宜喷洒冷水,以免引起菇房内温度下降。不要将水喷到菇体上,特别是在温度高时,以免导致菇体发黄或幼菇渍死;菇体严重渍水时还会感染细菌造成腐烂,影响产量和品质。在采收前2~3天不要喷水,湿度控制在85%以下,以延长鲜菇货架期。

3)通风换气:子实体的形成和生长需要新鲜空气,通气好菇蕾多、产量高,菌盖正常开伞,朵形也较大。冬季因菇房密闭较严,易出现二氧化碳浓度过高、氧气不足、湿度过大等现象,导致子实体难以正常发育,出现的小菇蕾会萎缩,停止生长。如遇高温、高湿,还会造成子实体腐烂。因此要定时通风换气。但每次通风时间不要过长,要根据温度和湿度情况来实施。通风后要确保室内的温度不低于10 ℃。也可结合喷水进行通风换气,避免菇房内湿度下降。

4)光照管理:出菇室要注意遮阴,避免阳光直射,光照强度保持在500~1000勒克斯。

5)采收:由于杏鲍菇的产量主要集中在第一潮,且转潮较慢,为提高经济效益,在冬季栽培时,以采收一潮菇为宜。采收结束后,要及时搬出菌袋,抓紧生产下一批。

二、工厂化周年生产

(一)袋栽工艺要点

目前,国内的杏鲍菇工厂化生产以袋栽为主、瓶栽为辅,生产规模差别较大。下面介绍适合我国国情的杏鲍菇工厂化周年袋栽工艺要点。

1. 厂房设施要求

建造菇房应选择地势高、开阔、干燥,排水方便,周围环境清洁,远离畜禽饲养场、仓库,水源洁净的地方。为了便于管理,菇房的面积不宜过大或过小。菇房过大通风换气不均匀,温度和湿度难以控制,杂菌、病虫容易发生和蔓延;面积过小,则利用率低,成本高。一般菇房以宽 6~7 m、长 9 m、高 3~3.5 m 为宜,利于通风换气和保湿。

菇房的墙壁、屋面要求稍厚些,一般墙厚 30~36 cm。墙体喷涂聚乙烯发泡隔热层,可以减轻气温变化对杏鲍菇生长的不利影响。地面和四壁宜光洁、坚实,有漏风处要堵塞,利于消毒和保温、保湿。各出菇室的门统一开向走廊。

室内菇架双向排列,四周及中间留有过道,便于操作和空气循环。发菌室的床架高 7 层,层距 0.35 m;生产规模较大的单位可将接种后的菌袋(瓶)放入周转筐,码放在发菌室中培养,待菌袋长满后直接移入出菇室。出菇室的床架为 5 层,层距 0.45 m,底层菇床距地面 0.25 m,菌袋(瓶)可放置在架上直立出菇。袋栽杏鲍菇还可使用网格架出菇。

发菌室和出菇室要配套制冷、通风、喷雾、光照 4 种主要设备。采用的制冷机组要求功率大、稳定,能迅速将室内温度下降到所需的温度范围。菇房内须设立合理的通风排气系统,在杏鲍菇特定的生育时期，使菇房内的空气保持新鲜。菇房要有良好的增湿设备和保湿措施。如条件允许，最好能设立一个低温空气冷藏缓冲间。出菇室的天花板上及纵向二面墙各安装两盏 40 W 日光灯或 LED 灯带。

2. 选用适宜菌株

工厂化栽培的杏鲍菇菌株，要求出菇快而整齐、抗逆性强。如此才能既保证稳定的产量，又降低人工和电费等管理成本，同时还能降低出菇时的各种风险。因此，选用适宜的菌株是工厂化栽培的关键。目前，杏鲍菇以棍棒形、保龄球形为首选育菇对象。

3. 培养料配制

工厂化栽培杏鲍菇为了保证质量只收一潮菇，这样在配料上就要注重营养物质在一潮菇就基本用完，因此配方很有讲究。培养料中如果营养物质含量高，释放缓慢，不易被吸收利用，势必出过一潮菇后用不完，造成原料损失，成本浪费。如果用料营养物质过少，则产量低，效益不高。许多新研发的培养料配方一潮菇转化率可达 90%左右，较为合理。

木屑配方：

杂木屑 39%，玉米芯 39%，麸皮 20%，碳酸钙或石灰 2%（日本配方）。

棉籽壳 68%，蔗渣 10%，麦麸 20%，蔗糖 1%，碳酸钙 1%（国内配方）。

玉米芯要粉碎为 0.3~0.5 cm 的颗粒，木屑、甘蔗渣先喷水，最好经过 3 个月以上堆积发酵。工厂化袋栽杏鲍菇的培养料配方中要含有丰富的氮源物质，但含量也不宜过高，否则开袋后易造成气生菌丝徒长，影响出菇。各配方培养料的含水量均为 62%~68%。工厂化袋栽杏鲍菇的子实体生长主要靠培养料自身的含水量，因而含水量需求较高，应严格控制料：水=1：1.3~1.8（重量比），这是杏鲍菇工厂化袋栽获得高产的要点之一。

4. 接种与发菌

工厂化生产杏鲍菇的栽培种要采用麦粒菌种、枝条菌种或液体菌种，这类菌种具有菌丝萌发快、生长周期短、菌丝强壮、接种方便等优点。但麦粒菌种若放置时间太长，易老化、发黄，影响菌丝生长速度，也可采用棉籽壳加木屑的培养基作为栽培种。

接种后的菌袋放入培养室，于 23~25 ℃、空气相对湿度 65%~70%的条件下，在黑暗中培养。随着菌丝的生长，袋中二氧化碳浓度由正常空气中的 0.03%逐渐上升到 0.22%，较高浓度的二氧化碳可刺激菌丝生长，所以发菌培养期间少量换气即可。培养 30~35 天左右菌丝可满袋（瓶），再继续培养 5~8 天，使菌丝达到生理成熟才能进入出菇房。

5. 催蕾管理

菌丝达到生理成熟后，菌包便可移入已消毒的出菇房降温催蕾，先去掉过滤棉盖，拉高套环，使袋口成锥形气室。室温控制在 12~15 ℃，早中晚在地面上浇水 3 次，保持 85%~95%的空气相对湿度。在此阶段，室内每天连续用 500 勒克斯光照强度照射 4~6 小时，二氧化碳浓度不超过 0.25%。在适合的温度和相对湿度的条件下，一般经过 7~8 天形成原基。待料面出现较多的小凸起时停止光照诱导，降低通风频率，提高二氧化碳浓度至 0.35%~0.45%，控制原基的发生数量，经过 2~3 天就可以分化成菇蕾。

当原基分化出菇柄、菇盖时，去掉套环，打开出菇袋口，或用刀片沿菌袋培养料边沿划去袋口，将菇蕾暴露于空气中。划袋 2 天后，视菇蕾的生长情况，每袋保留 1~3 个菇形正、商品性好的健壮幼蕾。保持室温 14~15 ℃，加强通风，每天通风 2~3 次，每次 30 分钟，保持空气新鲜，控制室内二氧化碳浓度在 0.6%~0.8%，空气相对湿度 80%~90%，促使菇柄快速伸长；经过 7~10 天的培养，菇柄长至 12 cm 即可采收。

工厂化栽培的杏鲍菇只采收一潮菇，病虫害相对较少。但在湿度大、温度变化大时，子实体易发生黄色液滴状假单胞杆菌感染。一旦发现菌袋出现黄色液滴，必须及时移出室外处理，否则会出现大面积传染，造成很大的危害。所以，应特别注意调节温度和湿度，保持库温稳定。

（二）瓶栽工艺要点

瓶栽杏鲍菇是日本、韩国和欧美国家主要的栽培方式。从拌料、装瓶、灭菌、接种、培养、搔菌、出菇到挖瓶均采用机械化操作。在出菇过程中，通过温度和湿度传感器采集信号，由计算机调控菇房内的温度、湿度，自动化程度高，许多现代化生产理念和技术值得我国借鉴。现将瓶栽杏鲍菇的关键技术介绍如下。

1. 配料、装瓶和灭菌

瓶栽杏鲍菇的培养料配方和配制方法与袋栽相同，料混匀后由装瓶机装瓶。栽培瓶为 1100 mL 塑料瓶，装料量为 750 g，装瓶的同时沿瓶中轴打 1 个孔，以利透气。装瓶要稍紧一些。然后盖好带有过滤空气海绵的瓶盖。将瓶装入耐高温塑料周转筐，每筐装 16 瓶，然后码放在灭菌车架上，推入高压蒸汽灭菌锅内灭菌。

2. 接种与培养

待灭菌锅气压降到零，温度下降至 80 ℃以下时，打开灭菌锅，将灭菌架车推入冷却室。开动冷气过滤机冷却，当瓶温降到 30 ℃以下后，送入接种室内，进行表面消毒，在无菌条件下利用接种设备接入固体或液体菌种。若使用固体菌种，在接种前将菌种瓶上部 3~5 cm 的老化菌种部分除去。接种后的栽培瓶转入培养室，在 24~26 ℃、空气相对湿度 75%、二氧化碳质量浓度 0.2%~0.3%的黑暗条件下发菌，自动控制环境温度和湿度。

3. 搔菌与催蕾

菌丝发满菌瓶后再继续培养5天,使其达到生理成熟并积累足够的营养,为出菇打下物质基础。此后除去瓶口1~1.5 cm厚的老化菌丝(即搔菌)。此过程由搔菌机等机械一次完成,包括开瓶盖、搔菌、冲洗、扣盖。搔菌的作用是促使出菇快且整齐。

因为工厂化栽培是周年栽培出菇,为提高设备利用率应尽可能地缩短出菇时间,夏季供应市场,菇房要利用空调降温保证出菇期的温度要求。如果出菇期长,成本加大影响效益。搔菌可使同批菌瓶出菇同步进行,不仅出菇快,而且出菇齐,菇蕾形成的数量适中,减少了疏蕾用工,提高了管理效率。

搔菌后的菌瓶推入出菇室,在摆排的同时用另一个空筐扣在瓶口上,然后一翻使瓶口朝下倒扣8天,以利菌丝恢复生长。将菇房空气湿度调至90%~95%,温度调为12~15 ℃,适度通风,保持空气新鲜。待菌丝恢复生长后,将湿度下调到80%~85%,使其形成湿度差。增加光照到500~800勒克斯,二氧化碳浓度调至0.1%以下,这样7~10天形成菇蕾,之后翻转栽培瓶使瓶口朝上,保持湿度90%~95%、温度16~17 ℃,培养子实体。子实体生长期间要注意通风换气,如果空气不新鲜,二氧化碳浓度过高,超过0.1%可造成杏鲍菇子实体生长不良,甚至畸形。湿度由加湿和通风设备调节完成,不可向子实体直接喷水。当菇盖伸展,边缘略内卷,子实体洁白无黄色便可采收。采收后人工修整菇脚,分级包装出售。杏鲍菇一般从出菇到采收需10~12天,采收结束后利用挖瓶机及时掏瓶,以备下轮装瓶栽培。

瓶栽杏鲍菇与袋栽相比,一次性投资较大,但从工厂化栽培流程看,塑料瓶可以多次重复使用,装料不用套颈圈,很适合机械化作业,省工省时;其次瓶的坐立性好,便于机械接种搔菌和摆放管理,挖瓶清除废料也很快,生产效率和效益高。

（三）产后废菌棒二次出菇

国内的杏鲍菇生产发展很快，为了提高效率，保证每天能源源不断地向市场供应优质、新鲜的杏鲍菇，工厂化栽培杏鲍菇一般只采收一潮菇，采收后的菌袋就作为废料（菌糠）下架，因此，每年产生的栽培废料量都很大。但是检测采过头潮菇的菌袋，培养料中仍含有丰富的蛋白质、粗脂肪、糖类和有机酸等营养成分，其中纤维素和半纤维素在杏鲍菇采收后仅降解了18.43%和24.37%，仍具有很高的利用价值。所以，二次利用杏鲍菇废菌包进行后续覆土出菇，不仅可以变废为宝，还可以减少废菌包对于环境的污染，具有显著的生态效应。

近年来，国内多地对于杏鲍菇工厂化废菌包的二次出菇进行了积极探索，充分利用菌棒的剩余养分，提高后期子实体的产量和质量，使得产量和优质菇比率都比较高，广大菇农利用这一技术取得了较好的效益。

1. 蔬菜大棚的准备

杏鲍菇菌棒的二次出菇与蔬菜共同轮作效果比较好。蔬菜大棚长度一般控制在30 m左右（过长不利于通风换气）。大棚外面用一层遮阳网覆盖，大棚里面也安装一层遮阳网，双层遮阳网可在太阳直射时起到降温作用。大棚两头各留1.5~2 m宽的缓冲间。大棚两边的塑料膜是活动的，温度高时可以卷起两边通风。

2. 废菌棒埋土

在蔬菜大棚内做畦床，方法参照杏鲍菇袋栽覆土栽培技术。先把杏鲍菇废菌棒脱袋，将出过菇的一头向下，一排一排放置于畦内，菌棒与菌棒之间排列稍有交错，在菌棒间空隙处填入土壤，菌棒表面覆盖约2 cm厚的菜园土，然后浇透水。

3. 出菇管理

（1）温度调控

菇棚温度宜控制在12~18 ℃，让子实体充分生长发育。如温度过高，要卷起大棚两边的塑料薄膜，通风降温。温度低于8 ℃时，可在畦上搭小拱棚，上面覆盖一层地膜保温。

（2）湿度调控

棚内空气相对湿度开始时保持在90%左右，当菌盖直径长到2 cm以上时，空气相对湿度可控制在85%左右，以保证成品菇的质量。用水宜采用清洁卫生的自来水或井水，喷水时不要把水直接喷到菇体上，以免子实体黄化萎缩，发生细菌性褐斑病。

（3）空气调节

杏鲍菇生长发育期间需要充足的氧气，为保持菇棚内空气的新鲜，每天通风换气2~3次，每次20分钟左右。雨天空气湿度大，菇棚要加强通风。晴天气温升到18 ℃以上时，在向棚壁和地面喷水提高湿度降低菇棚温度的同时，也要加强通风。

（4）光线调节

杏鲍菇生长发育阶段需要散射光，而非直射光线。在菇棚内明亮的位置上，子实体生长发育健壮有力且菇型大。故应充分调节好棚内光线，这是保证杏鲍菇优质高产的重要因素。

（5）采收

当菇盖稍有卷边、孢子尚未弹射时，要及时采收。

采用废菌棒二次出菇的菌包，一般可继续出两潮菇，到第三潮已是零星出菇。其第一潮菇的生物学效率能够达到25%以上，而且菇型较大，菇体强壮，单菇平均重量超过70 g。杏鲍菇的质地比较脆嫩，口味鲜美。二次出菇一般在秋冬季开展，蔬菜大棚正处于闲置期，而且废菌包价格便宜，待杏鲍菇全部采收后将埋土的废料打碎翻耕入田，还能提高土壤肥力，所以废菌棒二次出菇的经济效益还是比较可观的。

第八章　杏鲍菇采收与加工

一、杏鲍菇的生理成熟标准与采收

(一)生理成熟的判断

杏鲍菇的生长大抵是先长菌柄,后长菌盖;还有一部分品系的菌盖与菌柄同时生长。判断杏鲍菇是否达到生理成熟,主要看有无孢子开始弹射、散落。杏鲍菇的孢子十分细小,肉眼难以观察到,生产中可以通过菇体生长的程度、菌盖的大小、菌盖的边缘卷曲程度进行判断。由于杏鲍菇以鲜销为主,加上从采收到鲜售还要间隔一些时间,往往需要在菇体七八成熟时即采收。杏鲍菇生理成熟的特征为:具有正常的菇体朵形,菌盖舒展、颜色变浅、边缘微内卷而尚未完全展开、展平,孢子尚未弹射。

(二)采收

杏鲍菇在现蕾后约15天即可采收。适当提前采收,菇的风味好,且货架期长。采收的标准应根据市场需要确定,外贸出口菇要求菌盖直径4~6 cm,柄长8~10 cm;国内市场目前尚无严格要求。随着内销市场的扩大,今后也会制定相应的标准。

1. 采收方法

为了获得优质商品菇,在采摘前一天应停止喷水,以免菇体因含水量过高而使品质下降。为防止开伞过度,春栽的杏鲍菇每天早晚各采一次,秋栽的在发运当天上午采摘。

采收杏鲍菇时,一手握紧菌袋,一手握住菇柄旋转拧下或用削菇刀割下,切勿损伤菇盖。采收时的操作要求轻拿轻放,减少翻动。尽量避免菇体被碰伤,更不应破碎,要确保商品质量。一间出菇室要在两天内全部采完并清库。

鲜菇采下后,应放在垫有纱布、有网眼通风透气的硬质塑料筐或泡沫箱内,叠压层数不超过 5 层,以防菇体挤压受损和带入杂质。为了不在菇体表面留下指纹,采收杏鲍菇时应带上薄质手套。

2. 杏鲍菇的分级整理

对于采收下来的杏鲍菇,要用锋利的小刀削去菇柄上的培养基,一次修整为成品包装,并按其大小、质量分级。杏鲍菇分级标准参考附录 5。

杏鲍菇在分级后装袋,每袋重 5 kg,然后预冷,再用吸尘器将袋子抽真空。杏鲍菇的保鲜期较一般菇类稍长,在 4 ℃冰箱中敞开放置 10 天不会变质;自然气温 10 ℃下可放置 5~6 天, 15~20 ℃下也可放置 2~3 天不变质,很适宜鲜销。用塑料托盘和保鲜纸包装 ,再用冷藏车装载,还可远途运输至外地鲜销。

二、杏鲍菇的保鲜贮运

采收后的杏鲍菇不论是直接上市鲜销,还是进行加工,往往都要经过一段时间的储运,其间如果贮藏保鲜方法不当,即使是优质上等的杏鲍菇也会失去其原有的风味和品质,甚至腐烂变质而失去食用价值和商品价值,造成不必要的经济损失。因此,杏鲍菇采收后的贮藏保鲜也是生产过程的一个重要方面,越来越引起广大栽培者的重视。

(一)杏鲍菇采收后的生理、生化变化

杏鲍菇从培养料上采下后,仍然有着很旺盛的生命活动。这个时期杏鲍菇生命活动的主要特点是分解代谢占优势,即呼吸作用增强,水分不断散失,化学组成发生改变。此外,还因其他微生物的参与,杏鲍菇会逐渐腐烂变质。

1. 呼吸作用增强

任何有生命的有机体，时刻通过呼吸作用与外界环境保持着密切的物质交换。呼吸作用是杏鲍菇被采收后的主要代谢过程，其呼吸类型包括有氧呼吸和无氧呼吸。有氧呼吸是从环境中吸收分子态氧，将呼吸基质（杏鲍菇）彻底氧化为水和二氧化碳的过程；无氧呼吸过程不需要分子态氧的存在，而将呼吸基质（杏鲍菇）进行不彻底的氧化，生成某些中间产物，如乙酸、乙醇、丙酮等。杏鲍菇离开培养基后，子实体会逐渐改变色泽，风味和香气也会发生变化；甚至还会吸潮、变软、甚至腐烂，这在生理学上称为后熟作用或腐败作用，也是呼吸作用增强的突出表现。呼吸作用还会产生呼吸热，使贮藏环境温度升高，对杏鲍菇的保鲜贮藏产生不利的影响。

2. 水分散失

杏鲍菇子实体的含水量在85%以上。水分多少会直接影响杏鲍菇的鲜度和风味。采收后的杏鲍菇会较快失去水分，菌体失重、失鲜。水分散失速度与多种因素有关，当气温高时水分散失速度加快；呼吸作用增强，也会消耗大量水分，使水分散失增多。在一定的湿度条件下，空气流动性增大，则会使菌体散失较多的水分。当菌盖充分伸展张开时，表面积变大，蒸发速度也会随之加快。杏鲍菇失水过多，会引起收缩、干皱，菌盖翻卷、开裂，木质化程度提高，质地变硬，商品质量显著降低。

3. 生物化学变化

（1）酶的活性发生变化

采收后，杏鲍菇所含有的6-磷酸脱氢酶的活性很快降低，磷酸果糖激酶、葡萄糖磷酸异构酶和甘露醇脱氢酶的活性缓慢降低，而烟酰胺嘌呤核苷酸酶、氧化酶的活性增加。2~3天后，杏鲍菇的细胞大量失活而崩溃。酶促变色也是杏鲍菇细胞内的酶暴露在空气中，经氧化而发生的化学变色反应。当杏鲍菇的菇体破损后，经过氧化酶催化会变为黄褐色，因此，鲜菇贮存期间，应尽量减少机械损伤，以免酶促变色发生。

(2)糖的变化

甘露醇和海藻糖是杏鲍菇子实体和菌丝体发生呼吸作用的主要糖类。杏鲍菇鲜品中的结构多糖大于10%，经过4天贮藏后的多糖含量降至干重的5%以下，而细胞壁的几丁质大约增加5%，导致经过贮藏后的杏鲍菇质地会变得粗糙。

另外，采收季节也影响杏鲍菇体内糖类的变化，进而影响到商品菇的质量。一般春秋两季气温较低，杏鲍菇菇体生长慢，糖分等营养积累多，菇体肥厚，质量好。

(3)自然氧化

杏鲍菇经保鲜贮藏一段时间后，细胞中的碳水化合物、脂类等会自然氧化。碳水化合物会氧化产生褐色、黄褐色物质，同时散发出臭味和产生有毒物质。杏鲍菇自然氧化的结果是菇体会失去原有的光泽和色素。

4. 贮藏期间的微生物、害虫危害

杏鲍菇采收后，多种腐生性真菌，如褐腐病菌会感染子实体，在菌盖和菌柄上产生不规则的斑块，使患病的菌柄形成褐色变色区域。真菌会造成杏鲍菇菇体肿胀，菌柄变扁或弯曲及瘤状突起等多种畸形症。菇蚊、菇蝇等蛀食性害虫会钻入菌盖和菌柄的菌肉继续为害。总之，各种微生物、害虫的生长繁殖，能引起杏鲍菇菇体发生腐败，使采收后的鲜菇遭致不应有的损伤。

影响杏鲍菇保鲜的主要因素有以下几个：

(1)温度

杏鲍菇的保鲜性能与其生理代谢活动强度有密切的关系。在一般温度范围内，温度升高，鲜菇的呼吸速度加快，生理代谢活动越强，物质消耗越多，鲜菇失重率越高，保鲜贮藏的有效期就越短。环境温度低,呼吸速度减慢,保鲜期就延长。因此,温度是影响杏鲍菇保鲜的一个重要因素。

(2)水质

对杏鲍菇来说,鲜菇的颜色变化是保鲜效果好坏的一个重要指标。水质能影响鲜菇的颜色,如果水中的铁含量超过2.0ppm,就会导致杏鲍菇颜色变褐,时间越长,褐变越深,质量下降也就越明显。因此水质也是影响杏鲍菇保鲜的一个重要因素。

(3)湿度

杏鲍菇贮藏保鲜效果与空气湿度有密切关系。杏鲍菇鲜贮过程中,适宜的空气相对湿度为85%~90%,如果低于80%,杏鲍菇就易变褐、开伞。一般情况下,如果湿度过低,杏鲍菇鲜菇水分过度散失,会导致菇体收缩而降低保鲜效果。此外,鲜菇含水量也影响其保鲜效果。试验结果表明,含水量在72%~95%的鲜菇,随着含水量的升高,耐贮性能变差,因此杏鲍菇采收前不宜喷水或浇水。

(4)气体成分

氧气能促进鲜菇的呼吸代谢活动,而二氧化碳抑制鲜菇的生理活动,因此空气中的二氧化碳和氧气含量对鲜菇的保鲜效果有着明显影响。空气中氧分压降低或者二氧化碳分压上升都会抑制呼吸作用。二氧化碳浓度在5%时可抑制杏鲍菇开伞,但不抑制菌柄伸长。但当氧分压过低时,则会导致无氧呼吸增强,乙醇、乙醛等有害物质在杏鲍菇体内积累过多,产生生理性失调,致使杏鲍菇变质、变味。

(5)微生物

杏鲍菇鲜菇贮藏过程中,之所以有时发生腐败,是由于微生物所致,其中包括细菌、霉菌、酵母等,因此微生物也是影响杏鲍菇保鲜效果的一个重要因素。

(6)酸碱度

酸碱度一方面影响鲜菇体内的酶活性,另一方面也影响微生物的活动。多酚氧化酶是促使鲜菇变黄、褐的一个重要原因,其活性最强时的适宜 pH 值为 4.0~5.0；pH 值小于 2.5 或大于 10.0 时，多酚氧化酶即失去活性，鲜菇不易变黄、褐。杏鲍菇鲜菇的酸碱度接近中性，而大多数微生物活动的酸碱区范围在 pH 值 3.0~3.5。

以上是影响杏鲍菇保鲜的 6 个环境因素，这些因素都是通过鲜菇的内在因素起作用。除了环境因素外，机械损伤、子实体的成熟度等均会影响杏鲍菇的呼吸作用强度。

（二）保鲜保藏途径及措施

采收后的杏鲍菇仍在进行着旺盛的生理活动。保鲜是在不破坏鲜菇正常生理功能的前提下，根据环境因素对菇体的影响及其本身生理生化过程的特性，采取相应的措施，使杏鲍菇的生理代谢活动减少到适宜的程度，而不是完全停止其代谢活动。贮藏保鲜应从杏鲍菇的生理和病理两方面综合进行相应的保鲜措施。

1. 保鲜保藏途径

（1）防止水分散失

水分影响杏鲍菇的鲜度和风味。采收后的菇体因蒸腾作用和呼吸作用，会使细胞水分丧失，引起枯萎和皱缩。为了防止水分散失，可将新鲜杏鲍菇贮藏在塑料袋内或塑料薄膜覆盖物内。

塑料包装贮藏是现代保鲜技术上的一个新发展。用塑料袋密封贮放杏鲍菇，鲜菇由于呼吸作用消耗氧气，释放出二氧化碳、水分和其他挥发物，从而改变了袋内原来的气体成分，经过一段时间的调整，包装袋或薄膜帐内会出现一种水分稳定状态，氧气和二氧化碳含量趋于恒定的平衡状态。

（2）控制呼吸强度

呼吸是生命的重要生理特征。杏鲍菇保鲜贮藏的目的就是要控制杏鲍菇的呼吸作用，使呼吸强度降低到最低水平，而不丧失生命活动，以达到保持杏鲍茹新鲜与风味的目的。

一是调节氧气和二氧化碳的比例，应允许有氧呼吸的缓慢进行，以保持子实体组织最低的生命活动,防止因无氧呼吸而造成的细胞伤害。控制呼吸强度,要注意调节好二氧化碳的浓度,空气中的含氧量不得低于4%。据测定,当贮藏温度为10 ℃时,二氧化碳浓度在25%或50%,菇体呼吸率分别降低82%和100%,呼吸作用均被抑制。但通过限制气体组成的保鲜比较困难,而且保藏效果差。

二是降低保藏温度,低温能抑制杏鲍菇的酶活性,降低呼吸代谢强度和速率,延长保鲜贮藏期限。

三是减少机械损伤,杏鲍菇在采收、搬运及贮藏过程中,要尽可能减少碰伤、破损及重压等方面造成的机械损伤。机械损伤会造成伤变,使呼吸作用加快。必须尽量减少搬运次数。必要的搬运时应轻拿轻放,防止包装破损,装箱不可过于挤压等。

(3)遏制褐变发生

褐变是杏鲍菇体内一系列生化变色反应的总称,是在保鲜贮藏和加工过程中子实体常会产黄色、褐色的变化。从形成的原因上划分,褐变可分为酶促褐变和非酶促褐变两类。

酶促褐变是杏鲍菇体内多种酶,如多酚氧化酶等催化菇中酚类化合物的氧化过程,生成一种醌类物质,醌又与体内氨基酸及其衍生物作用生成深色的复合物。也有人认为,杏鲍菇体内的单宁物质(又称鞣质)在氧化酶和过氧化酶的作用下氧化而呈现褐色反应。由此可见,酶促褐变要有酶、酶作用底物和氧气同时存在,并相互作用。

非酶促褐变发生在菇体内碳水化合物和脂类的氧化变质过程中。碳水化合物、氨基酸、各种氮化物及有机酸之间发生的化学反应,均能导致变色反应。菇体内氨基酸可与含碳基的化合物,如各种醛类和还原糖起反应,使氨基酸和还原糖分解,分别形成相应的醛氨、二氧化碳和羟甲基呋喃甲醛。其中羟甲基呋喃甲醛很容易与氨基酸、蛋白质化合物生成黑色素。此外,许多重金属如铁、锡、铅、铜等与菇体的接触也会发生褐变。所以要防止非酶促褐变,在生产、加工、贮运过程中,应使菇体避免与铁器等金属元素接触或者在低温下保藏，均能减少褐变发生。

2. 保鲜措施

杏鲍菇的保鲜措施和方法多种多样，但必须采取综合措施才能达到最佳的保鲜效果，下面介绍一下有关的具体措施。

（1）选用耐贮性强的菌株

不同种类的杏鲍菇菌株，其耐贮藏性也不一样。因此在实际生产中应予考虑，根据具体要求选用菌株。大规模的生产栽培不宜菌株单一，应适当搭配多类菌株，满足不同市场的需求。

（2）提高栽培技术

鲜菇质量的好坏，直接影响其耐贮藏性，因此必须从栽培技术入手，采取先进的管理措施，加强菇房生产管理，综合防治病虫害，促使杏鲍菇子实体生长健壮、菇形美观、品质优良，为采收后的贮藏保鲜奠定有利的基础。

（3）提高采收和运输质量

杏鲍菇破损后，一方面由于呼吸强度增加，消耗物质增多；另一方面由于菇体内物质与空气直接接触，多酚氧化酶活性增强，从而加快了鲜菇的褐变速度；另外也为引起菇体腐败的病菌侵入创造了条件，致使鲜菇的耐贮藏性明显下降。因此采菇时应轻采、轻放、轻装，尽可能避免机械损伤。

（4）注意贮存容器和场地的清洁卫生

致病微生物侵染杏鲍菇后，会引起鲜菇腐败。致病微生物的侵染会发生在采收前、中、后各阶段。因此，除了做好采收前的病虫害防治外，也应在采收后做好贮藏用具及场所的清洁消毒工作，喷施消毒防腐剂，中断侵染途径，防止病菌蔓延，降低腐败病菌对鲜菇的侵染率。

（5）降低鲜菇的生理代谢强度

采收后的杏鲍菇仍在进行着旺盛的生理活动，由于呼吸作用，吸收氧气、排出二氧化碳，不断消耗菇体内的营养物质。多酚氧化酶的作用使菇体变黄、褐。因此鲜菇采收后，在运输和贮藏过程中，应尽量降低其呼吸强度和酶的活性。

3. 保鲜方法

杏鲍菇的食用性在于有新鲜的风味和特殊的口感。保鲜则是保持这种风味与口感的重要手段。杏鲍菇的保鲜方法有冷藏保鲜、气调保鲜、辐射保鲜、保鲜膜保鲜、真空保鲜、微波保鲜、负离子保鲜、低温保鲜、速冻冷藏保鲜和化学保鲜等多种方法。一切供保鲜及加工的杏鲍菇应在七八分成熟时采收，并尽量避免损伤。

采收后的鲜菇要及时清除泥沙、培养基及脏物，削去过长的菌柄，剔除被病虫损害的菇体，并对一部分菇体进行适当分割、切削等整理，使其具有商品美感。菇体按照大小、色泽、成熟度及损伤程度，分成不同等级后进入保鲜贮藏阶段。

（1）自然鲜贮

采收后的杏鲍菇经整理后立即放入篮、筐中，上用多层湿纱布或塑料薄膜覆盖，置阴凉处，一般可保藏5~7天。如果数量不多，可置于洗净后的大缸内贮藏，具体方法：在阴凉处放缸，缸内放少量清水，水上放置木架，将装入篮、筐的鲜菇放在木架上，再用薄膜封闭缸口，薄膜上开3~5个孔洞以利透气。当自然气温在20℃以下，此法是杏鲍菇进行短期保鲜的有效方法。

（2）冷藏保鲜

1）冰块制冷保鲜：把木箱或泡沫塑料箱、硬纸盒内分三格，经小包装的鲜菇置于中格，其他两格放冰块，冰块要定时补充；如果以竹篮、筐等装运鲜菇，可将用塑料袋包好的干冰（固体二氧化碳）或冰块放入篮、筐上层或下层。每箱（筐、盒）装杏鲍菇5 kg，鲜菇可保藏2周左右。这是国际航班上杏鲍菇远程运输的常用保鲜方法。

2）短期休眠法：杏鲍菇采收后在20℃下放置12小时，再于0℃

左右的冷空气中处理24小时，使其处于休眠状态，再在20 ℃左右贮运，可有效延长保鲜期。

3）密封包装冷藏：杏鲍菇采收后，随即用厚度为0.5~0.8 mm的聚乙烯塑料袋或保鲜纸密封贮存在0 ℃左右的环境下保藏，一般可保鲜15~20天。

4）小型冷藏库保鲜：采摘后的鲜菇含水量高，当表层含水量过高时，在冷藏中极易引起冻害，或在存放过程中引起发热变质。可先采用晾晒、热风排潮（干热风40 ℃左右）或用去湿机降湿，使鲜菇含水量降至七八成干。

待经过降湿处理的菇体温度降至自然温度后，装入塑料周转箱，移入1~4 ℃的冷库进行短期冷藏贮存，等待分级包装。根据生产规模和条件，冷藏可采用小型固定建筑冷库或玻璃钢组装式小型冷库。

组装式小型冷库的库体板壁内部采用预埋件扣式联接，其嵌板可逐块连锁成库体，装拆搬运都很方便；库体大小可根据生产需要组成13~180 m^3的不同规格；库温可调节到-5~5 ℃。这种小型库体1~2天内即可装成投入使用，造价也相对较低，特别适合山区和边远地区使用。鲜菇在冷藏过程中应尽量减少贮温的波动，尤其要防止因低温中断而使库温上升到20 ℃以上，否则会使菇的鲜度下降甚至变质。

（3）气调保鲜

该方法是以人工控制环境温度、湿度及气体成分等因素，达到安全保鲜的目的。一般是降低空气中氧气浓度，提高二氧化碳浓度，再以低温贮藏来控制杏鲍菇的生命活动。这是目前较先进的保藏技术之一，原来主要应用于水果、蔬菜等方面的贮藏保鲜，近年来也开始应用于食用菌的保鲜贮藏。

1）最简便的气调保藏：将新鲜的杏鲍菇封装在厚度为0.6~0.8 mm的聚乙烯塑料袋中，于0 ℃低温下保藏。此法能有效利用杏鲍菇自身的呼吸作用，吸收包装袋内的氧气，放出二氧化碳来降低菇类呼吸强度,从而达到短期保鲜的效果。为了防止杏鲍菇在不透气的塑料袋内窒息死亡,可选用 0.3~0.5 mm 厚的薄层聚乙烯塑料袋包装,在 8~10 ℃下保藏,可有效延长保鲜时间。

另据有关研究表明,用纸塑袋包装,加上天然去异味剂,在 5 ℃下保鲜杏鲍菇可达 20 天,其开伞率不超过 1%,基本无褐变及异味,脆嫩度也基本不下降,符合鲜销的商品综合指标。

2)采用"硅窗"袋、帐贮藏保鲜:硅橡胶是一种有机硅高分子聚合物,是由硅氧键相连成的柔软易曲的链状结构。这种结构使其对二氧化碳、氧气和氮气之间的选择透性比较大,三者对硅橡胶的渗透比值为 12∶2∶1,而对混合气体中各种气体的渗透方向和速度互不影响。将硅橡胶按比例镶嵌在塑料包装袋壁就形成了具有保鲜作用的"硅窗"保鲜袋。盛装杏鲍菇后,该塑料袋能依靠"硅窗"自动调节袋内氧气与二氧化碳的比例。硅窗保鲜袋透过二氧化碳和氧气的比例为 6∶1。即开始时袋内鲜菇呼吸作用吸收消耗氧气,放出二氧化碳,袋内氧气浓度下降,二氧化碳浓度增加。由于袋内外气体浓度差,使袋内高二氧化碳向袋外渗出,袋外空气中的高浓度氧气向袋内渗入,最终达到相对平衡。据测定,最终袋内的二氧化碳浓度维持在 2%~4%,氧气为 3%~5%,使鲜菇达到安全贮藏的目的。硅橡胶还可以按比例镶嵌在塑料薄膜帐上,用于较大规模的鲜菇保藏,只要保持帐体的密封性、不漏气,便能收到理想的保鲜效果。

(4)辐射保鲜

辐射处理的方法是,将杏鲍菇装入多孔的聚乙烯塑料袋,进行不同放射源的处理,再于低温下保藏。辐射处理能有效地减少鲜菇变质,收到较好的保鲜效果。与低温冷藏相比较,可以节约能源、效率高,且适合于自动化、工厂化生产。以辐射剂量为 500~1000 戈瑞的 ^{60}Co-Y 射线照射新鲜杏鲍菇后,贮藏在 0 ℃条件下,能较好地保持鲜菇的颜色、气味与质地等商品性状,延长货架期。据联合国粮农组织、国际原子能机构、世界卫生组织联合专家会议确认,辐射总剂量在1万戈瑞时，照射任何食品均无毒害作用。

（5）负离子保鲜

将新鲜杏鲍菇经整理后装入0.6 mm厚的聚乙烯塑料袋或膜帐内，每天用负离子发生器处理1~2次，每次20~30分钟，负离子浓度为1×10^5个/m^3，于15~18 ℃下保藏，能较好地延长鲜菇的货架期。

这种保鲜方法的原理为，负离子发生时同时有臭氧（O_3）产生，臭氧放出具有很强氧化力的臭氧离子，能杀死杏鲍菇表面和环境中的微生物，并能抑制菇体代谢活动，起到延缓杏鲍菇衰老和变质的作用。负离子保鲜成本低，操作方便，当负离子与环境中的正离子结合，不会残留和累积有害物质。臭氧遇到有机体便能自行分散，因此，负离子保鲜是一种很有前景的方法。

（6）微波保鲜

微波是一种频率在300 Hz~300 kHz的电磁波。目前国外多将微波技术用于食品保鲜。采用微波处理杏鲍菇，并用复合塑料袋包装，在14~29 ℃条件下，保鲜期可达9~10天，并能保持原形、原色及原有风味。经保鲜处理过的鲜菇，符合国家规定的卫生标准。微波保鲜杏鲍菇多在微波炉中进行，把鲜菇放于其中，经瞬时加温干燥，微波能从四面八方穿透杏鲍菇，使其内外同时加热，深度可达3~4 cm。严格控制好加温时间，将杏鲍菇中的微生物、害虫等被彻底杀灭，使商品菇在一定时间内保持新鲜，从而延长货架期。

（7）化学保鲜

很久以前，人们就发现某些化学药物可以抑制食用菌的呼吸强度，并可防止腐败性微生物的活动。可供选择的化学物质一般有氯化钠、焦亚硫酸钠、稀盐酸、高浓度二氧化碳、安全保鲜剂、抗坏血酸等。

1）氯化钠（食盐）处理：将新鲜杏鲍菇浸入0.6%的盐水中约10分钟后，沥干水分装入塑料袋密封贮藏，在10~25 ℃下经4~6小时，鲜菇变为亮白色，能低温贮藏10~15天。

2）焦亚硫酸钠喷洒：将新鲜的杏鲍菇摊放在干净的塑料薄膜上，向菇体喷洒0.15%的焦亚硫酸钠水溶液，翻动菇体使其均匀附上药液后用塑料袋包装，立即封口贮藏于阴凉处。20~25 ℃下可存放8~10天；5~10 ℃下可存放10~15天。也可将杏鲍菇先在0.02%的焦亚硫酸钠溶液中洗去泥屑，再转入0.05%的溶液中浸泡10分钟进行护色，捞出沥干水分，分袋贮藏。食用时均要以清水漂洗菇体，使其硫化物的残留量不超过0.002%。

3）高浓度二氧化碳处理：将新鲜杏鲍菇用100%的二氧化碳气体处理24小时，再用保鲜袋分装，其鲜菇货架期可达10天以上。

4）安全保鲜剂法：将鲜杏鲍菇置于L-抗坏血酸、铁（Ⅱ）化合物与明矾的水溶液蒸汽的高湿空气中，可保鲜15天左右。

5）抗坏血酸-柠檬酸为主剂的保鲜液：将0.05%的抗坏血酸和0.02%的柠檬酸配成混合保鲜液，把鲜菇浸泡在溶液中10~20分钟，捞出沥干，用塑料袋包装密封，15~25 ℃下可保鲜15天，菇体仍色泽乳白，且制罐后商品率高。

6）比久（B9）保鲜：比久的化学名称为N-二甲胺基琥珀酰胺，是植物生长抑制剂。以0.001%~0.1%的水溶液浸泡杏鲍菇，10分钟后沥干装袋密封，室温下5~25 ℃可保鲜10~15天，能有效地防止菇体褐变，延缓衰老，保持新鲜。

7）激动素保鲜：用0.01%的6-氨基嘌呤溶液浸泡杏鲍菇10~15分钟，取出后沥干水分贮存，可延长保鲜期。

（8）速冻冷藏保鲜

速冻是以迅速结晶的理论为基础，采用快速冻结的先进科学工艺，使杏鲍菇在30~40分钟内，实现-30~-40 ℃下冻结。由于冻结速度快，能最大限度地保持原菇的色、香、味、形和维生素营养。其产品质量明显优于氯化钠保藏和罐藏食品。速冻工艺流程如下：

原料分检→包装→原料预冷→速冻→贮藏运销→解冻。

1）原料分检：准备速冻的杏鲍菇一定要新鲜，菇体要完整，并保持其固有的洁白色泽，菇体大小及成熟度尽量一致，以免冷冻时温度不均匀。

2）包装：杏鲍菇经分检后要及时包装，尽量缩短菇体在空气中的暴露时间。包装容器通常有纸盒、塑料袋、马口铁罐等，每件有0.5~2.5 kg 装等多种规格。

3）原料预冷：进行速冻的杏鲍菇，在包装后要先经预冷处理，一般冷至 0~5 ℃。

4）速冻：速冻前，先将杏鲍菇单层摆放于冻结室中，经预冷后立即开动冻结机，进行深度冻结。冻结温度在-37~ -40 ℃，冻结过程在30~40 分钟内完成，经冻结的杏鲍菇中心温度为-18 ℃。为了使冻结杏鲍菇与外界空气隔绝，防止菇体干缩、变色等，须将经过冷冻的杏鲍菇用小木槌轻巧敲开，使结块状的杏鲍菇散成单个菇体，立即置于竹篓中，每篓约装 2 kg，随即将竹篓一同浸入 2~5 ℃的清洁冷水中，经 2~3 秒钟，提出竹篓倒出杏鲍菇，使菇体表面很快形成一层透明水层，叫作“挂冰衣”。挂上冰衣犹如穿上一层保护性外衣。

5）贮藏运销：经冻结的杏鲍菇，必须置于冷藏库低温贮藏。冷藏库温度应稳定在（-18 ± 1）℃，相对湿度应在 95%~100%，波动不超过5%。速冻杏鲍菇严禁与其他有挥发性气味或腥味冷冻品混藏，以免串味。速冻杏鲍菇贮藏期一般可达 12~18 个月。

6）解冻：速冻杏鲍菇使用前须经解冻。解冻可以分别在冰箱内、室温下、冷水中进行，此过程越短越好。解冻后的杏鲍菇不易放置，要尽快食用，烹调时间以短为宜。

（三）杏鲍菇的鲜销

鲜销是将采收下来的鲜菇，经适当整理、分级后用塑料袋及硬质泡沫塑料箱进行包装，投入市场销售。鲜销能最大限度地保留杏鲍菇的自然色泽、优美的形状、盖滑柄脆的口感及特有的杏仁香味。杏鲍菇鲜销的工艺流程大致如下：

整理→分级→包装→运输→投入市场。根据各地鲜菇销售的需要,现将目前栽培者常用的杏鲍菇保鲜运销技术介绍如下。

1. 短途运输保鲜

短距离运输的杏鲍菇可以用白色的保鲜纸包裹后放入硬质纸箱中,整齐地码放、压紧。纸箱不宜过高,以每只箱子能盛放鲜菇 5 kg 为宜。距离稍远,运输时间在 4 小时左右的,应考虑将 3~4 个鲜杏鲍菇用白色硬质泡沫塑料托盘盛放,上面再用保鲜膜覆盖包扎,然后放入有通气孔的硬质纸箱或泡沫塑料箱中整齐码放。有条件的还应进行 10 ℃低温预冷, 2 小时后装箱外运。每个纸箱上应有 4 个直径为 2.5 cm 的通气孔,纸箱不应过高过大,以每箱盛放鲜菇 5 kg 为宜,装箱后用胶带封住箱口,立即装车外运。

2. 远距离冷藏保鲜

需要经长途运输的杏鲍菇,应注意在采收前 24 小时内不喷水,这样可以确保菇体表面较干燥。若菇体表面受到雨淋,则不宜进行长距离运输。当菇体表层过湿时,可进行降湿处理,手感以手捏菇盖不粘手即可。

控水后的鲜菇通常温度较高,进行装运之前,须进行预冷处理,预冷的最后温度要达到 10 ℃左右。然后放入冷库,维持 5~10 ℃的温度,使菇体温度稳定在 5 ℃左右,再进行包装。包装时可以用保鲜纸包裹 4~5 个鲜菇,码放在泡沫塑料箱内,中间根据运输距离的远近放置大小适合的冰块(用塑料袋将冰块包扎严密,使其融化的水不致漏出,以免导致箱内菇体浸湿软腐)。杏鲍菇码放整齐严密后,盖上泡沫塑料盖,用胶带封严,立即装车发运。

三、加工技术

杏鲍菇不易破碎,煮后不烂口感好,切片加工后仍保持脆嫩特色,外形美观。可制成罐头、干制品或盐渍品等加工产品。

(一)干制技术

杏鲍菇的生命活动必须依赖于一定的湿度。干制时通过脱出新鲜菇体中的水分,达到一定的干燥程度后,菇体的水分含量很低,微生物和杏鲍菇自身的生命活动均被抑制,从而达到长期保存原有营养成分和风味的目的。

新鲜菇体所含的水分存在两种状态:自由水和束缚水。自由水是可以散发的,而束缚水是不能蒸发的。经过人工干热的散热介质处理,可使菇体的表面水分汽化和内部水扩散并汽化成水蒸气排出。当自由水蒸发完成之时,束缚水的含量约占总干重的13%,这样的杏鲍菇就达到了干制状态。

干制品有如下优点:①水分含量极度降低,抑制了微生物的生长,能有效地保证产品不变质及保留原有的营养成分;②干制品去除了水分,体积小、容易收藏、运输方便;③干制的方法多种多样,适于农村、山区及边远地区广为采用,而且加工成本低。只要按照科学方法干制,再把产品配以良好的包装,同样具有很好的经济效益和社会效益。

1. 干制的方法

干制法有自然干制和人工干制两种。干燥速度越快,产品质量越好。

(1)自然干制

晒干:将采收后的鲜杏鲍菇置于日光下,靠太阳光照和空气的流动,使子实体水分蒸发,达到干燥的目的。晒干过程一般为2~3天,干燥过程主要取决于光照强度和空气湿度大小。一般太阳光强烈,空气湿度小,鲜菇干制快;相反干制过程延长。

杏鲍菇菌肉肥厚,整菇脱水难以晒制成菇形完好的干制品,所以脱水前须进行切片。把鲜菇切成两半,菌褶朝上呈单层摆放在摊晒工具上。这种方法不需要特殊设备,简便易行,生产成本低,适合小规模培育场加工。杏鲍菇晒干时间较长，产品很难达到规定含水量标准，干制过程中常易发生霉变和腐烂，产品优质率较低。晒干后的杏鲍菇，有条件的要在 60 ℃条件下再烘烤 1~2 小时。

（2）人工干制

1）烘干：烘干是杏鲍菇产品干制的主要方法，它是把鲜杏鲍菇置于烘箱、烘房、烘干机、热风干燥机等设备内，采用炭火、电热、燃油或远红外线等作为热源，通过热传导、空气对流和辐射等方式使菇体干燥的方法。

烘干不受气候条件的影响，干燥快，操作简便，省工、省时。在烘干过程中，霉菌孢子和害虫被杀死；高温使杏鲍菇的酶失活，呼吸作用停止，减少了后熟作用引起的产品质量下降。杏鲍菇烘干制品色泽好，香味浓郁，外形丰满，商品价值提高，且利于长期保存，减少了因腐烂造成的损失，适于杏鲍菇的大量生产加工。烘干工艺包括如下步骤：原料分级→装筛→升温→通风排湿→倒换烤筛→成品包装。

选择子实体长至八九成熟，菌柄粗 3~5 cm、长 10~15 cm 的杏鲍菇，剔去杂物，削去基部，之后纵向切成 1 cm 左右的厚片，均匀排放在筛架上。烘烤温度先低后高，初温 30~35 ℃，之后每隔 2 小时升高 5 ℃，10 小时后升温至 50~55 ℃，保持此温度直至烘干，在此期间始终打开排风口。最后 1 小时关闭排风口。菇片烘烤至七八成干时，可上下、里外翻动，促使干燥均匀。烘干后的杏鲍菇片含水量应在 13%以下，及时用无毒塑料袋包装，轻轻压出袋内的空气，扎紧袋口，密封放置在木箱或纸箱内。

2）微波干制：微波是频率为 300 MHz~300 KGHz，波长为 1 mm~1 m 的具有穿透性的电磁辐射波，常用的加热频率为 915 MHz 和 2450 MHz。微波从各个方向穿透杏鲍菇，内外同时加热，具有加热速度快、加热均匀、热效率高、反应灵敏、无明火等优点。微波干燥能较好地保留杏鲍菇的维生素和原有的色香味，且兼有杀菌、灭酶功效，产品保质期长。

3)真空冷冻干燥:冻干是一种全新的干燥方法,利用极低的温度,使杏鲍菇所含的水分在低真空条件下升华,即将冻结成冰的水分直接由固态变为气态,而不是冰融化后再蒸发。其基本方法是把经清理、洗净的鲜杏鲍菇放在一个密闭的容器中,抽取空气、降低温度,使其在低温、真空条件下失水。有试验表明,杏鲍菇在-20 ℃下经低温真空干燥 10~12 小时,可除去近 90%的水分。冻干杏鲍菇和鲜杏鲍菇形状相似,质地很脆,必须用较坚实的包装物包装。冻干杏鲍菇浸在热水中几分钟后,回复率即为 80%,而风味和鲜菇相差无几。真空冷冻干燥后的杏鲍菇干制品在复水性、质地、色泽、气味、形态等各个方面品质均优于微波真空干燥和热风干燥的杏鲍菇。由于用这种方法加工后的产品分量轻,特别适用于国际贸易。目前,美国、法国等国家及我国台湾地区均用此法来加工杏鲍菇产品。低真空、超低温处理杏鲍菇能量消耗较大,设备也受到一定的限制,因此成本较高,仅适于规模化加工,目前该方法在国内处于推广阶段。

4)膨化干燥:此方法是美国科学家研究开发的一种杏鲍菇干燥新法。所谓膨化干燥就是将杏鲍菇鲜品置于膨化装置内,增加空气压力,再突然降压,使杏鲍菇所含的水分立即爆出。用此法干燥的杏鲍菇产品可以长期保藏。食用时置开水中煮 5 分钟即可,其鲜味、质地和维生素等能够最大限度被保留。此法比烘干法节约能量近 40%,值得在国内广大产区大力推广。

2. 影响干制的因素

不论采用哪种干制方法,均要求在尽可能短的时间内使杏鲍菇干制品达到安全含水量,这对于保证商品的质量是十分关键的。干制的速度受加工环境和原料种类等多种因素的影响。

(1)干制环境温度和湿度的影响

干制时水分蒸发的速度,与一定温度下的相对湿度有密切联系。一般干制环境温度为一固定值时,相对湿度小,水分蒸发快,干制时间短，杏鲍菇干制品色泽好，商品价值就相对高。如果干制环境温度低，干制环境的湿度虽然不变，但水分蒸发慢，产品容易腐败、变质和变色。而过高地提高温度，又容易把杏鲍菇“煮熟”“烤焦”，甚至完全丧失商品价值。正确的干制工艺是，把烘烤温度调试至一定水平，同时降低环境的相对湿度，才能实现迅速脱水和干制的目的。

（2）空气流动速度的影响

在干制过程中，应注意通风透气，以便水蒸气及时外逸。干制空间空气流动速度越大，水蒸气外逸速度越快，被烘烤杏鲍菇的水分蒸发就越快，从而能加快干制过程。所以干制设备需要留一定面积的透气孔。控制透气孔的开关程度，要根据干制温度和杏鲍菇的含水量而定。透气孔关闭过严，湿热空气不能及时排除；通气孔关闭不够，通风加快，热量浪费严重。

（3）被干制的杏鲍菇种类和状态的影响

不同的杏鲍菇菌株在个体大小、组织结构等各方面均有所不同，干制的速度是不同的。即使是同一品种的杏鲍菇，加工形式不同，干制速度也会有所不同，一般整菇慢，片菇快。片菇加工中，切片越薄干制越容易。

（4）加工杏鲍菇装载量的影响

在一定的干制设备内，单位体积内所装载的杏鲍菇数量多，干制时间延长，反之则短。

（5）不同天气采收杏鲍菇的影响

一般情况下晴天采收的杏鲍菇，含水量相对少，干制时起始温度可以高些，时间可缩短；雨天采收的杏鲍菇含水量较多，干制起始温度要定低些，时间也要相应地延长一些。在产品正式干制之前，应使烘房等干制设备先预热到 40~45 ℃，尽量减少烘烤时间。

（二）盐渍加工

1. 盐渍加工的原理

杏鲍菇的盐渍加工是利用高浓度的食盐溶液来腌制杏鲍菇，达到长期贮藏的目的。高浓度的食盐溶液能产生很高的渗透压。据测定，22%的食盐溶液能产生 13.4 MPa 的渗透压。在高渗透压作用下，新鲜杏鲍菇组织中的水分和可溶性物质外渗，盐水慢慢扩散渗透进入杏鲍菇组织，从而降低了杏鲍菇细胞内的游离水分，提高了结合水分及其渗透压。在高渗透压的作用下，微生物细胞质膜分离，原生质收缩，造成生理干燥，导致微生物细胞死亡或休眠。

食盐在水中离解为 Na^{+}、Cl^{-}，前者与细胞原生质中的阴离子结合，对微生物有一定的单盐毒害作用，后者也和细胞原生质结合，促使细胞死亡。同时氧很难溶解于盐水中，形成一种缺氧的环境，使好气性微生物难以生长。不同的微生物对食盐的耐受能力是不同的，一般细菌较弱，霉菌和酵母菌较强。生产实践中每 100 kg 经“杀青”（为菇类盐渍加工的预煮过程）漂洗过的杏鲍菇，需用食盐 35~40 kg，并用柠檬酸调节 pH 值在 3.0 左右。试验证明，改变盐溶液至酸性，微生物对食盐浓度的耐受力就会降低。因此，高浓度食盐溶液及其扩散和高渗透压的原理，是杏鲍菇盐渍加工的理论基础。

2. 盐渍前的准备

（1）食盐的选择及处理

食盐质量的好坏对盐渍杏鲍菇的质量有直接影响。一般食盐中均含有不少杂质，如 Ca^{2+}、Mg^{2+}、Fe^{2+}等及其氧化物和硫酸盐等，还有少量的泥沙及一些碳酸钙等。这些杂质的存在，常使盐类产生苦味和涩味。劣质盐用于加工杏鲍菇，会导致菇质粗硬、爽脆不够，有时还会在菇体表面留下斑痕、水迹等，损害产品外观。某些低质晒盐，微生物污染严重，多混杂有嗜盐细菌、霉菌和酵母菌等及其他生活污染物和工业废物残渣，这类食盐均不能用于杏鲍菇加工。在盐渍加工中要尽量选用高质量的精制盐,一些低质量的粗质盐必须经过重结晶方可使用;杂质含量过高的工业用盐,可先将食盐溶解澄清,经纱布过滤后再使用。

(2)食盐的用量及盐溶液的配制

盐渍杏鲍菇时,盐液浓度为18%~24%。配制用于腌制食品的溶液时,盐和水的用量通常按照重量浓度进行计算。重量浓度就是每千克溶液中溶有物质的重量(g)。100 g水中应加入溶质重量(g)来表示,它和前述重量浓度的换算关系如下:

重量百分浓度=[溶质质量(g))/溶液质量(g)]×100%=溶质质量(g))/[溶质质量(g)+水质量(g)]×100%。

溶液的浓度通常可用最简便的物理方法——比重来测定。盐水浓度通常用波美比重计测定。波美比重计种类较多,我国市场上供应的是在15 ℃标准温度下标刻的“合理”比重计,其浓度为0波美度和15 ℃时水的密度相当,66波美度和浓硫酸的浓度比重1.8429相当。食盐浓度为10%时,它的标准浓度为10波美度。在0~10波美度间等分成10格,每格大致相当于1%的食盐溶液。100 kg清水中加入食盐10~12 kg,搅拌至溶化后滤去杂质,其浓度为8~10波美度,可作为转色用的溶液。100 kg清水中加入食盐30~35 kg,搅拌至溶化,沉淀过滤后,其浓度为22~24波美度,可作为装桶用的盐溶液。

(3)辅料的加入

杏鲍菇盐渍过程中常加入焦亚硫酸钠溶液作为护色液,以柠檬酸调节酸度,常加入苯甲酸、苯甲酸钠、明矾等作为防腐剂。

3. 杏鲍菇的盐渍工艺流程:

整个流程:原料处理→漂洗→杀青→冷却→盐渍→装桶→包装。

(1)原料处理

供盐渍加工的杏鲍菇要求新鲜并符合规定的规格,色泽要正常,无斑点、虫蛀、畸形菇,无异味及其他杂质,还要削去柄蒂。

（2）漂洗

用清水洗去菇体上的泥沙杂质；配制 0.03%~0.05%的焦亚硫酸钠溶液，将清洗过的杏鲍菇倒入焦亚硫酸钠溶液中护色；并注意翻动，剔除开伞、畸形及斑点菇等；将经过护色的杏鲍菇置于流水中漂洗或用清水冲洗 3~4 次。

（3）杀青

用铝锅、搪瓷锅或不锈钢锅盛放浓度为 5%~7%的盐水（100 kg 水加 5~7 kg 食盐，溶解后用波美比重计测定），用旺火烧开后将漂洗过的杏鲍菇倒入，以每 100 kg 盐水中放入 40 kg 鲜菇为宜，旺火煮沸，用木棍搅动，保持锅内水温在 98 ℃以上，保温 10 分钟，使杏鲍菇菇体内外熟透一致。鉴定煮熟的标准：将菇体捞出后投入冷水，下沉者为好，否则要进一步煮熟，或以牙咬开菇肉，脆而不粘牙的为好，粘牙且无弹性则还不到火候；用刀切菇体，内外均为乳黄色则合格，而未煮熟者菇肉则为白色。

杀青的作用有 3 点：一是排出菇体组织内的空气，抑制细胞酶的活动，阻止氧化褐变；二是杀死菇体细胞，破坏细胞膜结构，增强细胞透性，有利于盐分渗入组织；三是软化组织、缩小体积，增加韧性，便于加工腌制。

杀青阶段要注意两点：第一，经漂洗的菇体较多，一时杀青处理不完的，应再浸泡于 0.6%的食盐水溶液中；第二，煮沸鲜菇时，一般不用铁锅和铁棒搅拌，因为铁质会使菇体变黑。

（4）冷却

经杀青后的杏鲍菇要及时捞出并迅速放于流动的冷水中冷却，或用 4~5 只缸盛放冷水连续轮流冷却。冷却标准以菇体内外冷透一致为准。冷却的作用是终止热处理。如果不能及时冷却，腌制后的杏鲍菇会变色、腐烂、发臭，从而失去商品价值。

（5）盐渍

1）转色：冷却后的菇体经沥干水分后，置于盛有浓度为 8~10 波美度的盐水桶或缸内,让盐水淹没菇体,并用木板或竹篾把菇体压至液面以下,防止菇体外露在水面上而腐烂变黑。一般腌渍 3~5 天,让盐水向菇体内自然渗透,菇体自然"呕水"后,逐渐由灰白色变成黄白色,称为转色。

2)腌制:当菇体色泽转色成黄白色时,就要及时把菇体捞出来沥干,再置于浓度为 22~24 波美度的盐水中腌制。此间每天检查盐水浓度,如浓度低于 20 波美度,则要通过添加食盐,使盐水浓度始终保持在 22 波美度以上。

腌制时应注意的是:逐步提高腌制盐水浓度,每天提高 4~5 波美度,直到 22 波美度以上为止。为了检查菇体组织与盐液浓度是否达到平衡,可捞起菇体放入先配制好的 22 波美度的盐水中,若下沉,说明已达到平衡;若上浮,还要进一步腌制。一般腌制时长为 10~15 天,每 100 kg 杀青后的杏鲍菇约用食盐 35~40 kg。

(6)装桶、包装

将腌制好的杏鲍菇捞起,沥至水断线不断滴时称重。一般按内容物净重分别为 22、25、30、40、50 kg 装入专用硬质塑料桶,注满新配的 20 波美度盐水,再加入 0.2%~0.4%的柠檬酸溶液调节 pH 值至 3.5 以下,即可加盖,贴好标签外运。

4. 盐水杏鲍菇的脱盐

盐水杏鲍菇的含盐量在 20%以上,食用前必须使盐分含量降至 2%以下。食用时可用清水浸泡脱盐,其方法多为将杏鲍菇切片后,在清水中漂洗数次即可。另外,可用腌渍菌类产品的脱盐机模拟人工清洗为杏鲍菇脱盐。

(三)制罐加工

1. 罐藏原理

把经整理后的杏鲍菇和其他半成品装入密闭的容器(如玻璃罐、

金属罐或复合塑料袋)中,抽气密封后,再经过高压灭菌处理,隔绝外界微生物的再次侵入,使其得以较长时间保藏,这一方法即为杏鲍菇罐藏加工。罐藏杏鲍菇的运输、携带和使用均很方便,开罐后既能直接食用,又可供烹调加工,是野外作业、远洋运输、边防地区等的方便食品,具有广阔的开发应用前景。罐藏杏鲍菇能够较长时间保藏而不腐烂变质的主要原理是,良好的密封性能及正确的灭菌措施,排除了引致罐藏杏鲍菇变质的微生物生长繁殖的环境和条件。

2. 罐藏工艺流程及加工

原料验收→清洗、护色→装运、保管→预煮、冷却→大小分级→拣选、修整→配汤汁、装罐→排气、密封→杀菌、冷却→擦罐、入库→产品检验。

(1)原料验收

一切供制罐加工的鲜杏鲍菇,必须按规格进行严格验收。常选择新鲜的,保龄球形,色泽洁白,肉质硬实,菌柄粗 1.5~4.0 cm、长 5~8 cm,无机械损伤和病虫害的鲜菇作为加工原料。当天采收当天加工为佳,以确保罐头产品的质量。将杏鲍菇的菌柄基部修剪干净,并除去菇体上其他吸附杂质。杏鲍菇常采用人工分级、挑选和修整。

(2)清洗、护色

桶装杏鲍菇以白色为上品,生产上往往把原料菇的清洗和护色两道工序同时进行。先在清洗池或缸内存放清水,按水的重量加入护色剂 0.03%~0.05%的焦亚硫酸钠,即每 100 kg 水加焦亚硫酸钠 30~50 g。方法是,先用少量水充分溶解护色剂,再加入池内或缸内水中,使其均匀一致。把待加工的原料倒入护色液中,并轻巧地将杏鲍菇上下翻动,清洗掉菇体表面的泥土和附着物。漂洗 1~2 分钟,捞出再放到加满清水和护色剂的塑料桶内,使菇体表面充分浸没在水中,继续漂洗护色,防止有菇体露出水面而引起褐变。清洗、护色液一般每 2 小时更换一次,如果菇体表面附着的污泥多,要每 1.0 小时更换一次护色液,以达到清洗和护色的目的。清洗、护色的时间不宜超过3.0 小时,以菇色变为纯白即可终止。护色时间过长,易使杏鲍菇风味受到破坏。

清洗、护色结束后,将杏鲍菇放在清水池中轻轻搅动,把护色液冲洗干净。目前,国际上对食品卫生的要求日益严格,用亚硫酸盐护色正在逐步被淘汰,国内已有开始使用适量维生素 C 或维生素 E 进行护色,生产出的杏鲍菇罐头色淡味美。还可以用另外一种护色方法:杏鲍菇采收分级后,立即浸泡在 0.6%~0.8%的食盐溶液中,盐溶液可减少水中氧的含量,延缓酶促褐变,起到护色作用。但要求在运到加工厂的整个过程中一直浸泡,中途不能离开浸泡液,而且浸泡时间不得超过 4~6 小时。

(3)装运、保管

经验收和护色过的鲜菇,应及时装运至加工厂。起运前仔细检查每桶的级别标记,查看有无脱落和标记错误,护色液是否把鲜菇完全浸没。原料进厂后,检查每只杏鲍菇桶内的护色液是否有溅出,如果产品露出,应设法及时补足,并要防止运输过程中的杂质落入杏鲍菇桶中,避免日晒或细菌生长。

(4)预煮、冷却

杏鲍菇预煮的目的是迅速杀死菇体细胞内的酶系并固定其形态。杏鲍菇的预煮可采用预煮机进行,预煮机有连续预煮机或开口双层锅。采用预煮机可以连续预煮,以 0.07%~0.10%的柠檬酸溶液预煮 5~8 分钟,以达到煮熟、煮透为准。采用双层锅预煮时以 0.10%的柠檬酸溶液煮沸 6~10 分钟,菇液之比为 1:1.5,溶液的 pH 值为 6.0 左右。预煮时应注意将不同级别的原料菇分开,并按先后顺序进行预煮。预煮溶液要经常调整浓度,要定期更换,防止菇色变褐、变黑。预煮结束,熟菇重量仅为鲜菇重的 70%~75%,体积为原来的 65%左右,菇盖收缩率在 20%左右。预煮后的杏鲍菇,应及时放在冷却槽内以流水冷却 0.5~1.0 小时。冷却越快越好,在清水中浸泡时间过长,会使菇汁流失，风味、香气均大减；同时，菇体一定要冷透，注意冷却槽内的死角，要冲淋均匀后当手触没有温热感时便可捞起，置于有孔的筐中沥干水分。

（5）大小分级

冷却后的杏鲍菇要按菇体的大小和色泽进行分级。分级后的杏鲍菇分别盛放于洁净的钢桶内，然后要迅速进入装罐工序，不得长时间存放和积压。

（6）拣选、修整

装罐前对已经分级的杏鲍菇要进一步挑选，分出整菇和片装级两种。整菇要求菇盖形态完整，大小均匀一致，未开伞；略有小裂口的可小修整；无虫蛀、锈斑、无泥根，无严重畸形。

（7）配汤汁、装罐

汤汁是随杏鲍菇装罐时的填充物。汤汁能排除罐内的空气，使杏鲍菇始终处于浸泡液中，避免氧化变质，且能保护菇色。不同生产厂家的杏鲍菇罐头汤汁配方均有所差异，但基本上是以 2.5%~3.7%的盐液为主料，加入 0.05%的柠檬酸和适量的维生素 C。

一切汤汁都应滤去沉淀物后才能使用。汤汁中加精盐是作为酸化防止剂，维生素 C 作为抗氧化剂。有的生产厂家还向汤汁中加入 0.2%的谷氨酸钠，以增加其鲜味，但在罐头标签纸上必须注明。汤汁的配制方法是，将碳滤水在不锈钢双层锅内加热至沸腾，加入精盐至完全溶解，出锅后再加入柠檬酸，待其溶解后过滤。柠檬酸的加入能使成品的 pH 值保持在规定的 5.8~6.4 范围内。汤汁配制后应及时使用，不宜久放，特别是汤汁加入维生素 C 后，碳滤水中的含氧量不能超过 0.3ppm，汤汁的 pH 值为 3.4~4.4。

杏鲍菇装罐的容器有马口铁罐和玻璃瓶装两类，每类又有不同的容积。把经拣选的空罐及罐盖均用 90~95 ℃的热水清洗消毒，沥干水分后备用。空罐应倒置于专用架上。将经过拣选处理的杏鲍菇按大小级别、形态和规格，先置于有水的洁净钢桶内，装罐前使菇体在流动水中漂洗，去掉碎屑后沥干水分，运送至装罐处，按照整菇、片菇等不同形态和大小沥干水分后，即可装入不同的罐内。

装罐可用手工分装，也可机械装罐。罐装杏鲍菇要按行业标准保持一定重量，杏鲍菇罐头固形物含量一般为58%~64%，注意要剔除不合格和级别不同的菇类，并防止其他杂质混入罐内。装罐时的填装高度，玻璃瓶比罐口低13 mm，马口铁罐头比罐口低6 mm。固形物填满罐后要随即灌入相应的汤汁，并要求逐瓶加满。

（8）排气、密封

采用加热方法，使罐内中心温度达到75~80 ℃，加热产生的高热蒸汽，使罐内的空气、水蒸气及其他气体排出，达到真空的效果。热力排气、真空封罐、蒸汽喷射封罐等均为目前罐头厂常见的排气方法。封口时要注意检查和观察罐头的外形和密封质量，及时发现问题并做好记载，确保罐口和瓶口封实封紧。

（9）杀菌、冷却

杏鲍菇罐头杀菌的目的是使罐头内做到商业无菌，即把罐头内的致病菌和对杏鲍菇起腐败作用的细菌杀灭，而不是使罐头内的杏鲍菇绝对无菌。既要杀死致病菌和腐败性细菌，又要最大限度地保护杏鲍菇的营养、色泽和风味，因此要优选最合适的杀菌温度和控温时间。

密封后的杏鲍菇罐头应尽快地进入杀菌工序，一般杀菌温度为110~121 ℃，保持20~30分钟。灭菌结束后，要迅速冷却至35~38 ℃，以免长时间的蒸焖改变杏鲍菇的颜色、风味等品质。生产上常用的冷却方法有两种，一种是待杀菌锅经排气使罐压指针迅速回落到零处后，立即取出罐头瓶于冷水中迅速冷却降温。另一种为“反压冷却法”，这是目前冷却效率最高，为各生产厂家普遍采用的快速冷却法。

（10）擦罐、入库

罐头经过杀菌冷却后应逐罐擦干水分、油污，然后分锅入库、分锅排放。

(11)产品检验

入库的罐藏杏鲍菇,置于 37 ℃下恒温培养 7 天,并进行逐瓶检查。如果罐盖膨胀,是由产生细菌所致,应查明原因。按生产班次抽取罐样,每 3000 罐抽 1 罐,每班每个产品抽样不得少于 3 罐,分别送检,进行感官、化学和微生物检验。

• 感官指标

色泽:菇体淡黄色,汤汁较清,允许稍带胶质和少量碎屑存在。

滋味及香气:具有杏鲍菇应有的鲜味和菇香,无不良气味。

组织形态:菇体略有弹性,菌盖允许有裂口和小缺口,菇片条形完整。

• 理化指标

每罐净重 370 g,允许公差 ±3%;固形物不低于净重的 65%;盐度 0.8%~1.5%。

• 微生物指标

无致病菌及因微生物作用引起的腐败征象。符合国家罐头食品卫生标准。

(四)速溶即食营养麦片的制作

杏鲍菇营养丰富、风味独特,深受国内外消费者欢迎。但其栽培技术较复杂,管理措施要求较高,生物学效率较低,给杏鲍菇的市场开发带来一定的限制。利用杏鲍菇菌丝体与子实体相近的营养成分和保健功效,进行杏鲍菇菌丝体产品深度开发,不失为捷径之一。

1. 母种、原种培养基的制备

母种培养基可选用马铃薯、葡萄糖、琼脂综合培养基。原种培养基配方为大麦仁 98%、碳酸钙 2%。

2. 固体培养料的制备

固体培养料同原种培养基。大麦仁要求籽粒饱满,无破损霉变。

清杂后淘洗,并浸泡 6~8 小时,取出沥干水分,拌入食用级碳酸钙粉末(自然 pH 值),装入瓶或袋中,在 140~150 kPa 压力下灭菌 2.0 小时。

3. 接种与培养

接种要严格按无菌操作规程进行。原种接种在固体培养料后,在 25 ℃左右适温培养, 10~15 天即可长满菌丝,菌丝浓白旺盛,继续培养 3~5 天后即可使用。将固体培养料挖出,掰碎,并在 60~70 ℃下烘干待用。

4. 工艺要点

杏鲍菇速溶即食营养麦片的最终产品为 4~8 目的薄片,须经过原料搅拌、膨胀、胶磨乳化、焦糖化和预糊化、蒸汽辊筒干燥和造粒等工序。在焦糖化和预糊化阶段,温度可高达 140 ℃,原料中的淀粉等大分子被降解、糊化,杏鲍菇菌丝被灭活,再经过后续工序,最终形成冲调性甚好,并具有良好色泽和口感的营养麦片。

该技术的主要工艺流程如下:

大麦清杂→淘洗→浸泡→配料→分装→灭菌→接种→培养→破碎→烘干→粉碎→温水(35 ℃)搅拌→胶磨→糖化、预糊化→蒸汽辊筒干燥→造粒→热风干燥→产品包装。

上述流程中的配料是加碳酸钙,既可供杏鲍菇菌丝体生长发育之需,又可作为速溶营养麦片的钙源。经过杏鲍菇菌丝体的吸收、转化后,钙的有机化程度大大提高,更有利于人体吸收。造粒是一道复合工序,包含添加辅助原料和成形。辅料有奶粉、糖及食品添加剂等,用以改善麦片的品质,去除多余的苦杏仁味。

采用上述工艺生产出来的杏鲍菇速溶即食营养麦片,既保持了原来麦片的色泽,又增添了浓郁的菌香,产品色、香、味、形俱佳,是一种新型的集营养保健于一体的新品麦片,为杏鲍菇的深度开发开辟了新途径。

第九章　杏鲍菇病虫害防治

一、杏鲍菇的病害及其防治

杏鲍菇的病害分为侵染性病害和生理性病害两大类。菇类在生长、发育或运输、贮藏过程中，遭到病原微生物的侵害（即侵染性病害）或受到不良环境因素的直接影响，引起子实体外部形态或内部构造、生理功能发生异常的变化，严重时会引起子实体或菌丝体死亡，造成菇类产品的品质下降（即生理性病害）。杏鲍菇是近年来兴起的人工栽培的新品种，目前对杏鲍菇生产过程中发生的病害尚知之不多。

（一）侵染性病害及其防治

食用菌由于受到其他有害微生物寄生而引起的病害，称为侵染性病害，或病原病害。此类病害具有传染性，即病害的发生是由少到多，由点到面，由轻发病到严重发病，具有明显扩张蔓延的特性，也称为传染性病害。引起食用菌病害的生物称为病源微生物，主要有真菌、放线菌、细菌和病毒。

1. 霉菌类

常见的是木霉、青霉、链孢霉、曲霉、根霉等。

（1）木霉

木霉也叫绿色木霉或绿霉，属于半知菌亚门、丛梗孢目、木霉属，是普遍发生且危害严重的杂菌。木霉的特征是产生大量的暗绿色孢子，至今已发现了许多木霉种类，如绿色木霉、康氏木霉、灰绿木霉等。木霉菌丝纤细，白色透明，有分枝、分隔。菌落初期呈白色斑块，棉絮状,产生孢子后逐渐变为绿色。木霉的孢子梗呈松塔状,长在菌丝的短侧枝上,常有 2~3 级分枝。

木霉孢子在自然界中广泛分布,可长期存活于各种腐木、枯枝落叶、植物残体、土壤和空气中,其适应性强,生长迅速。孢子萌发的最适宜温度为 25~30 ℃,菌丝生长的最适宜空气相对湿度在 95%左右,pH 值为 3~7,温度为 30 ℃左右,一般在 15 ℃以下不易萌发和形成危害,5 ℃以下不能生长。

木霉在 4~42 ℃范围内都能生长繁殖,甚至阳光也晒不死,繁殖速度快,片段菌丝也能迅速分枝、蔓延形成菌落。菌丝分解纤维素、木质素能力强,能在各种培养基质上生长,并能分泌胞外毒素,杀伤或杀死寄主,使食用菌菌丝不能生长或逐渐消失死亡。

发病症状:菌袋中的杏鲍菇菌丝出现菌种生命力退化(如出菇之后菌袋受到损伤、受不良环境因素的影响导致生命力下降)时,在料面上产生病菌菌落。初期为白色棉絮状或致密束丛状菌落,较浓密,随着生长,从菌落中心开始渐至边缘出现明显的浅绿色后变为暗绿色粉状霉层,为分生孢子,严重时呈块状,而边缘仍是浓密的白色菌丝。在 25~27 ℃的高温下,从白色菌落到产生绿色分子孢子仅需 4~5 天。

发生原因:木霉的孢子借助气流、水滴、昆虫、原料、工具及操作人员的手和衣服等传播。一般在灭菌不彻底或菌袋破损时易产生木霉污染。菌丝长满袋和出菇期间,也易被木霉侵入基质、菌丝体甚至菇体上。木霉喜欢高温、高湿、偏酸的环境,一旦遇到适宜的条件,就马上萌发形成菌丝,产生毒素抑制杏鲍菇菌丝的生长,造成不出菇和菌袋腐烂。

防治方法:

1)保持场地、周围环境及工具洁净,经常对培养室、栽培厂、工具等进行消毒。

2)接种要严格按照无菌操作的规程执行。培养室要求干燥、空气流通，温度也不要太高，以 22 ~25 ℃为宜，挑选生长健壮、无杂菌污染的菌袋进行培育。

3）选用适于杏鲍菇栽培的新鲜、无木霉感染培养材料，科学配方，适当减少碳氮比，培养基的水分控制在 60%~65%，可加入生石灰粉调高培养料的 pH 值至 8~9，造成碱性环境来抑制木霉的生长。把好塑料袋的质量关，袋壁无微孔，厚度要均匀。

4）灭菌要彻底，木霉的分生孢子能耐 4~6 小时的 100 ℃高温，因此常压下，培养料要灭菌 10 小时以上，126 ℃高温灭菌要灭 2~3 小时。

5）出菇之前，要清扫干净菇房（棚）内的杂物，并喷洒多菌灵、克霉灵等杀菌剂，杀灭环境中的木霉。栽培管理中，注意防止高温、虫害、农药污染等不良因素对菌袋内菌丝的影响，最大限度地创造杏鲍菇菌丝生长的适宜条件。

6）当木霉侵害菌种时，必须销毁。对局部发病菌袋，用注射器向杂菌处注入 70%的酒精或 500 倍多菌灵、0.1%的克霉灵或 5%~10%的生石灰水等溶液，杀灭木霉。或者分批将少量感染木霉的料与新配制的料混合后，再装袋（瓶）灭菌接种，既可防止污染扩大，又可再利用原料。若绿色斑块很大，已遍及菌袋表面 1/3 时，应将该菌袋烧掉或深埋，以防孢子散发蔓延。

（2）青霉

青霉是一种竞争性的真菌，在自然界分布广泛，种类繁多，因其孢子色泽与木霉相近，故生产上易与木霉相混。危害杏鲍菇的青霉种类有产黄青霉、圆弧青霉和黄白青霉等。

青霉菌丝无色、分枝、分隔。分生孢子梗从菌丝上垂直生出，有横隔，顶端生有帚状分枝；分枝一次或多次，顶层为小梗，串生分生孢子。分生孢子为球形或椭圆形，多数呈青绿色。

发病症状：青霉菌侵染培养料后，初期菌丝为白色，与食用菌菌丝很相似，随着分生孢子的大量产生，孢子颜色逐渐由白色转变为浅蓝色或绿色,形成粉末状菌落。

发生原因:青霉属低温性真菌,适宜的生长温度为20~30 ℃,温度降至27 ℃以下时,空气相对湿度在90%以上,发生较多。青霉的分生孢子主要靠空气传播。青霉常发生在菌袋上,分泌毒素抑制杏鲍菇菌丝生长,轻则导致减产,重则造成死亡,不能出菇。培养料中的碳水化合物过多时,就易导致青霉菌感染。

防治方法:青霉的防治措施参考木霉的防治方法。感染后的培养料不能采取直接灭菌接种的方法来利用,因为青霉菌产生的毒素已贮存在料中,直接利用会抑制杏鲍菇菌丝的生长,导致接种后菌种不萌发。

(3)链孢霉

链孢霉又称红色面包霉,也称脉孢霉、串珠霉、红霉菌,常见的有粗糙脉孢菌和间型脉孢菌。链孢霉菌丝白色或灰色,匍匐生长,分枝,具隔膜,菌落呈棉絮状。分生孢子梗直接从菌丝上长出,与杏鲍菇菌丝无明显差异。初期的分生孢子在孢子梗顶端呈长链状,并可分枝,后期菌丝断裂成分生孢子;分生孢子卵形或近球形,成串悬挂在气生菌丝上,呈红色或橘红色,粉状,成堆或成团,受震动便散发在空气中传播。

发病症状:链孢霉广泛分布于自然界土壤中和禾本料植物上,尤其在玉米芯、棉籽壳上极易发生。其分生孢子在空气中到处漂浮、传播,是高温季节发生的危害最严重的杂菌,5~9月是其盛发高峰期。当分生孢子落在有机质表面,如受潮的棉塞,培养袋的破口、裂口或针孔等处时便萌发,菌丝生长速度极快,5~10天内发满整个培养袋,特别是气生菌丝(也称产孢菌丝)顽强有力,它能穿出菌种的封口材料,挤破菌种袋,形成数量极大的分生孢子团,淡红色的分子孢子呈粉末状,孢子堆厚度可达1 cm以上。

链孢霉在20~30 ℃的温度范围内,一昼夜便可长满整个试管斜面培养基,在木屑及棉籽壳培养料上迅速蔓延,传播力强,发菌室内要是发现一部分菌袋感染了链孢霉，3天后整个生产场地就会布满链孢霉红色的孢子，会造成毁灭性损失。

发生原因：链孢霉是杏鲍菇菌种和菌袋生产中常见且危害最严重的一种霉。培养料灭菌不彻底，接种室和接种箱灭菌消毒不严格，接种人员未能进行无菌操作，棉塞受潮，菌种带菌等都可造成链孢霉的污染，该菌来势之猛、蔓延之快、危害之大，不亚于木霉。

防治方法：

1）必须搞好菌袋生产场所的环境卫生，由于链孢霉极易扩散，发现时不要轻易触动污染物，要用湿纸或布裹好后及时处理或深埋，防止脉孢霉杂菌传播。

2）培养料要灭菌彻底，避免棉塞受潮，把好塑料袋的质量，不能破损。接种室和接种箱使用前后均要彻底消毒灭菌，做到空气中没有杂菌孢子。接种人员严格进行无菌操作。搬运过程中不要损伤菌袋。

3）菌袋发菌初期受侵染，已出现橘红色斑块时，可向染菌部位用500倍甲醛稀释液注射，或在分生孢子团上滴上煤油、柴油等覆盖，带出棚外集中销毁，即可控制蔓延。将受害菌袋埋入深30~40 cm、透气差的土壤中，经20~30天缺氧处理后，可有效减轻危害，菌袋仍会出菇。

4）降低培养室温度、湿度，能显著抑制这类杂菌的繁殖生长。定期检查，发现污染源要及时取出并集中处理，以免孢子传播。

（4）曲霉

曲霉的种类很多，主要有黑曲霉、黄曲霉、灰绿曲霉、白曲霉和土曲霉等。曲霉的菌丝较粗，有隔，无色、淡色或表面凝集有色物质，分生孢子梗是由分化为厚壁的足细胞长出，直立生长，不分枝，梗顶端膨大成球形或棍棒的顶囊，其表面生满辐射状小梗，在小梗顶端串生分生孢子。分生孢子为单孢，球形、卵圆形或椭圆形；孢子呈黄、绿、褐、黑等各种颜色，因而使菌落呈各种色彩。菌落颜色随种而异。危害菌种及菌袋的主要有孢子头呈黑色的黑曲霉、呈黄色的黄曲霉、呈奶白色的白曲霉和呈桂皮色的土曲霉。

发病症状:曲霉感染后,杏鲍菇菌丝生长被抑制,很快萎缩,并发出一股刺鼻的臭气。当培养料含水量偏高,空气相对湿度过大,以及通风不良等有利于曲霉生长的条件时最易感染。

发生原因:曲霉在自然界分布广泛,可以在土壤、粮食和植物材料等一切有机物上生长生存,分生孢子随空气流动漂浮、扩散。在高温、高湿、通风不良的环境下,有利于其生长发育。曲霉的危害多发生在菌丝体阶段的培养基上,多由原料中混进,或无菌操作不严时从空气中感染,在棉塞和麦粒上极易生长。

防治方法:参考木霉的防治。

1)使用麦粒菌种时,应在冬季接种,而不宜在夏季接种,否则麦粒上易长出黄曲霉。

2)要加强通风,控制喷水,降低温度和空气相对湿度,防止棉塞受潮,造成不利于曲霉生长的环境。

3)出现曲霉感染后,对污染部位可用2%~5%的石灰水涂抹杀灭。要及时挖出培养料,拌入新鲜培养基(料)中灭菌再利用,或者将其烧毁和埋入土中。

(5)根霉

根霉又称毛霉、长毛霉、黑头霉,属真菌门、结合菌亚门、结合菌纲、毛霉目、毛霉科。最常见的为总状毛霉、大毛霉,俗称长毛菌,危害食用菌最常见的为黑根霉。

根霉菌丝发达,有分枝,无横隔。菌落初为白色或灰白色,棉絮状,菌丝粗长稀疏,清晰可辨。孢子囊梗长、粗壮、不分枝或分枝,顶端生有球形孢子囊。孢子囊呈黑色,囊内形成很多球形或近球形孢囊孢子,无色或淡黄褐色。后期菌落中出现许多微小颗粒,初为白色,后为褐色、灰色至黑色,说明孢子囊大量成熟。

发病症状:适宜条件下,根霉菌丝的生长速度快于杏鲍菇菌丝,在培养皿中仅两天时间即可充满全皿;7 天内其菌丝可将菌袋表面占领,菌袋变为黑色。根霉菌丝通过争夺养料和水分,抑制食用菌菌丝生长。感染后,杏鲍菇仍能生长出菇,但产量下降。

发生原因:根霉在土壤、粪便、禾草及空气中到处存在,主要在贮藏的谷物上生长,对湿度的要求较高,属好湿性菌类。在温度较高、湿度大、通风不良、酸性的环境条件下发生率高,根霉对环境的适应性强,生长蔓延迅速,危害较大。

防治方法:可参考木霉的防治。加大接种量,造成菌种优势,以控制根霉的生长,同时加强培养室内通风换气,降低空气相对湿度,以控制其发生。

2. 酵母菌

酵母菌是单细胞的真核微生物,在食用菌制种、栽培中常见,污染菌主要为酵母属和红酵母属。

酵母菌菌体为单细胞,卵圆形、球形、柠檬形,有些酵母菌细胞与其子细胞连在一起,形成链状假菌丝。酵母菌在自然条件下以无性繁殖为主,繁殖方式主要是芽殖。菌落有光泽,边缘整齐,较细菌大而厚,颜色为乳白色、红色、黄色等,视种类而不同。

酵母菌分布广泛,大多生存在植物的残体、空气、水和有机质中。食用菌菌种和培养料受到酵母菌污染后,引起基质、培养料发酵变质,呈湿腐状,并散发出酒酸气味。

防治方法:培养基灭菌时,温度、压力、时间都要达到要求,彻底灭菌,确保无污染。接种时要严格按照无菌操作规格进行;要及时清理培养室内的病菇和菇床上的杂物。

3. 细菌

细菌属原核生物界,为单细胞生物,个体微小,形状有杆状、球状和螺旋状,形成的菌落大小不一,形状各异,一般呈灰色,菌落呈糊状,表面较光滑、湿润。繁殖方式主要是二分裂法,生长速度较快,危害较大。危害食用菌生产较为常见的细菌包括芽孢杆菌属、假单胞杆菌属、黄单胞杆菌属和欧文菌属中的种类。

细菌广泛存在于自然界中，土壤、空气、水、有机物都带有大量的细菌，高温、高湿有利于细菌的生长、繁殖，条件适宜时从污染到菌落形成仅需几个小时。细菌污染试管种时，使斜面呈膜状或黏液状，在原种、栽培种及菌袋内培养料中生长时，使培养料发黏、发臭，影响菌丝的正常生长。以下列出几种常见的细菌性病害。

（1）黄腐病

发病症状：黄腐病是一种引起杏鲍菇子实体发黄，并致其最终腐烂的细菌性病害。当培养料中含水量过多，菇房的相对湿度较大（超过 95%），料面有微小的水珠，病原菌就开始繁殖，不久就会感染杏鲍菇子实体。初期菇体上出现黄褐色或褐色的斑点，湿度高时，病斑逐渐扩大，连病斑周围的组织也变成黄褐色，后期子实体变软、腐烂，散发出恶臭。该病传染性极强，一旦发生，整个菇房都能被侵染，特别是在条件适宜、培养料营养丰富时更易发病。试管母种受细菌污染后，在接种点周围产生白色、无色或黄色的黏液状物质，有恶臭味，杏鲍菇菌丝生长受阻。

发生原因：病原菌为假单孢杆菌，属裂殖菌纲、假单孢杆菌目、假单孢杆菌科、假单孢杆菌属，广泛存在于土壤、空气、水和各种有机物中，通过水、空气、昆虫、工具、土壤及培养料进行传播；适于生活在中性、微碱性及高温、高湿的环境中。

培养料的 pH 值、含水量和料温偏高，菇房高温（20 ℃以上）、高湿、通风不良，均有利于其发生和生长，特别是喷水量过多的菌袋，水滴在子实体上，通过水来传染，更容易发病。此外，在制种过程中，培养基灭菌不彻底、环境不卫生、无菌操作不严格等，都容易发生细菌污染。

防治方法：

1）各级菌种培养基和栽培料灭菌要彻底，并严格无菌操作接种。

2）出菇期间要加强通风换气，避免出现高温、高湿环境。温度高于 18 ℃时，勿在子实体上喷水，只能向地面和墙壁上喷水。每次喷水后，要及时通风，降低湿度。菇场喷洒用水要用清洁的井水或自来水等。在不影响杏鲍菇子实体发生的条件下，培养基的含水量和菇房的相对湿度要尽量降低。

3）病害出现后，立即淘汰染病菌种，及时摘除病菇，并去掉病菇区的表层培养料，对染病菌袋和菇场空间等喷洒 2%的生石灰水或 0.3%~0.5%的漂白粉混悬液、0.5%~1%的食盐水溶液、100~200 mg/L 链霉素溶液等杀菌，并加强通风，防止病害传染给其他菇体。病菇要迅速烧掉或掩埋处理。

（2）细菌性褐条病

发病症状：细菌性褐条病的病原菌为假单胞杆菌，菇蕾期和成菇期均可发生，以幼菇期发病较为严重。发病初期，在膨大的菇柄表面附有淡黄色的水膜，且表层组织呈褐色；随着病害的进一步发展，褐色病斑向下延伸呈褐条状，略显凹陷。在潮湿的条件下，染病组织呈水渍状、黏稠、有异味，表层菌肉变褐色。幼菇发病后生长缓慢、萎缩，直至停止生长。

发生原因：该病在杏鲍菇的整个生产季节均可发病。出菇时若遇到高于 18 ℃气温，并持续两天以上，且室内湿度长时间处于 90%~95%的状态，或者菌袋堆放过密通风不良，栽培环境卫生条件差，都可能造成病害发生。

防治方法：为杜绝该病的发生和流行，除加强菇房温度和湿度调控，注意通风，保持菇房空气新鲜，增强子实体的活力之外，还要保持栽培环境的洁净，及时杀灭害虫，消除病菌的传播媒介。当病害发生后，应及时摘除发病的子实体，将菌袋移出栽培室，集中进行杀菌处理。目前，防治细菌性褐条病较好的杀菌剂有 0.3 mg/kg 浓度的农用链霉素，30%的氢氧化铜 600 倍液，0.1%的高锰酸钾加 1%的食盐溶液。将药液装入喷雾器，直接喷洒在发病子实体及菌袋上。若发现药液用量过多，应及时将袋内积液倒出，以避免培养料过湿而影响子实体生长。

（3）细菌性斑点病

发病症状：细菌性斑点病又称细菌性褐斑病、细菌性麻脸病，是一种引起子实体变色、腐烂、发臭的细菌性病害，在食用菌发育的任何阶段均可发生。

发生原因：病原菌为托拉假单孢杆菌或荧光假单孢杆菌，菌体呈杆状或球状，一端或两端具一条或更多条鞭毛，革兰染色为阴性反应。在自然界中通过喷水和菇蝇、线虫等虫害及动物、人类的活动而传播蔓延。长时间超过 24 ℃的高温，菇房湿度过大，菇棚通风不良，管理用水不清洁，菌盖凝结水珠，或在喷水后菇盖上有凝聚水珠时，均会导致病害发生。如喷水后菇盖表面的水能在 1~2 小时内干燥，病害就不易发生。在发病初期，菇盖中央稍凹陷，发现黄色或淡褐色圆形或不规则形小斑，尤其在潮湿的菇体上发展迅速。后期病斑变成棕褐色，并出现黏液、有臭味。病斑仅发生在菇体表面层，3 mm 以下的菌肉极少变色。情况严重时，病斑从菌盖蔓延到菌柄，布满菇体表面，子实体停止生长，但病菌较少感染菌褶。

防治方法：

1）避免菇房高温、高湿，菇棚内温度不要超过 20 ℃，空气相对湿度低于 90%。喷水后注意通风，防止昆虫进入菇房。

2）喷水时，水不能喷到菇体上。喷水后要使菇盖表面能在 1~2 小时内干燥。菇棚上的塑料薄膜要采用无滴膜，防止凝结水滴，落到菇体上。

3）严格把好消毒关，用水要清洁，水可用漂白粉消毒，注意菇房及其设施的彻底消毒和清洁卫生。

4）在发病初期，使用含有效氯 150 mg/kg 的漂白粉水溶液，或 50%的多菌灵 800 倍液，或含 100~200 IU/mL 的农用链霉素喷洒子实体，有效防治病菌的蔓延。

(4)褐腐病

发病症状:细菌性褐腐病通常表现为菇体畸型、菌柄膨大、菌盖不形成或过小;子实体表面黄褐、发黏,菌肉呈水渍状或菌褶有凹陷褐斑,散发臭味,其后逐渐腐烂,菌盖病斑严重,有黏液渗出,子实体萎缩、停止生长。

发生原因:此病是由假单胞杆菌引起的,其发生往往与杏鲍菇栽培管理条件不良及其他病虫危害诱发有关。气温高(20 ℃以上)、湿度大时最易发病。其传染性强,发展蔓延快,一旦发生不易控制。杏鲍菇在菇蕾期和成菇期均可感染,幼菇期发病较重。

防治方法:

1)搞好菇场卫生,用次氯酸钙对菇房和床架进行严格消毒,并保持周围环境洁净。

2)控制栽培环境条件,搞好棚室的排水和通风,合理控制菇房的温度和湿度,不要使菇房的地面过湿、菇盖的表面积水。

3)在染病严重的菇房,应减少喷水量,将菇房的相对湿度降到85%以下,并采取隔离措施,以防病原菌传播。对于染病的菌包要及时清除和销毁,并对栽培环境采取消毒措施。喷洒100~150 mg/L的次氯酸钠对细菌性病害有防治作用。

4. 病毒

杏鲍菇病毒病是由病毒感染引起的一种传染性病害,病原多为直径约为24 nm的球形病毒。

发病症状:病毒一般寄生在细胞内,感病菌株在马铃薯蔗糖琼脂平板上,菌丝的生长速度较健康的菌株慢,菌落边缘往往不整齐。在棉籽壳为原料的培养基上,杏鲍菇子实体感染病毒后常有如下几种症状:菌柄肿胀接近球形,不形成菌盖或是形成很小的菌盖;菌柄变形弯曲,表面凹凸不平,菌盖小,边缘波浪形或有缺口;菌盖、菌柄表面有明显的水渍状条纹或斑纹;子实体畸形或菌盖呈花芽状。

发生原因：菇场环境卫生差，使用劣质菌种，菇蝇、螨类等虫害多。

传播途径：病毒可以通过孢子和菌丝的互相融合而传播。菇蝇、螨类害虫的迁移、空气等也是病毒传播的途径。

防治方法：贯彻应防为主、防治结合的原则。

选育抗病毒品系是杏鲍菇病毒病防治的理想方法；严格的卫生措施是控制病毒病的基本条件。发菌期间，每周用0.5%的甲醛溶液喷洒菇房。防治菇蝇和螨类，可减少病毒感染。如发现病毒病的征兆，要及时采菇，摘除患病的子实体，并喷洒2%的甲醛溶液消毒。菇房地面用含2%的漂白粉液消毒，工具或床架用5%的甲醛溶液消毒，手和工具可在软肥皂水溶液中加磷酸三钠消毒。在出菇期间，可选用高效、低毒性、无残留的抗病毒药加以防治。

（二）非侵染性病害及其防治

非侵染性病害又称生理性病害，主要是由于不适宜的环境条件或不恰当的栽培措施引起的子实体外部形态或内部构造、生理机能发生异常变化，甚至引起子实体或菌丝体死亡，降低了鲜菇产品质量。这类病害没有病原菌，子实体间不会相互传染。当消除不良环境条件后，杏鲍菇一般能恢复正常生长。

1. 菌丝萎缩

表现症状：杏鲍菇在生长过程中，菌丝生长稀少，并出现发黄、发黑、萎缩甚至死亡现象。

发生原因：一是料害，如选用了针叶树木屑；或培养料发酵时间过长，过于腐熟，发生酸化；或缺少某些必需的营养元素；或培养料含氨量过高导致“氨中毒”而死亡。二是培养料或覆土层湿度过高或过低，致使菌丝萎缩。三是发菌初期和刺孔增氧期间的通风不好，在高温、高湿条件下菌丝新陈代谢加快，导致烧菌引起菌丝萎缩，降温后难以恢复。

防治方法：选用长势旺盛的菌种和新鲜优质的培养料，采用合理配方；栽培袋要严格灭菌，并对覆土进行消毒，不随意添加化学物质；合理调节培养料含水量和空气相对湿度，加强通风换气；菌包要分批刺孔，及时散堆，疏排菌棒。

2. 幼菇枯萎

表现症状：杏鲍菇的幼菇生长停止，萎缩死亡，变黄并腐烂。

发生原因：子实体生长期间，长时间温度高于 22 ℃，高温杀死了幼菇；或大棚的遮阳网密度不够，阳光直射灼死了幼菇，并出现细菌感染，变黄腐烂。杏鲍菇原基发生时，往往丛状生长，修剪不及时或选留菇体原基不当，抑制了幼菇正常的分化发育。

防治方法：出菇期间，将温度控制在 13~20 ℃，最高温度不得超过 22 ℃。在春季气温不稳定、忽高忽低时，要加强隔热降温管理。高温期间，要保证棚上遮阳网的密度，加强通风散热、淋水降温，避免菇房（棚）内温度过高。幼菇枯萎死亡后要马上摘除，防止细菌繁殖，腐烂的菇体会引诱害虫取食、繁殖，使虫害加重。要及时进行杏鲍菇原基的疏剪，留取菇体圆正、生长健壮者，及时剔除畸形及生长不良者。

3. 长柄菇

表现症状：从栽培实践来看，杏鲍菇的商品要求是菌盖圆正、菌柄粗短。在栽培管理不善的情况下，会抑制子实体生长，或菌柄细长。

发生原因：主要是菇体生长的环境通风不良、湿度过大、光照不足。

防治方法：发生杏鲍菇菇柄过长时，如果能及时将其移到空旷之处，改善通风透光条件，在较强的光照下，杏鲍菇菌柄过长的情况能得到有效的抑制。

4. **畸形菇**

(1)不可恢复的畸形

表现症状:出现畸形后无法通过正确的管理措施使畸形状态改变。菇体畸形包括菇体扭曲、菇盖开裂、原基组织分化异常和菇盖畸形四种症状,严重影响菇体品质及产量,降低或者失去商品价值。

发生原因:料袋(瓶)接种时使用了不合格、老化或退化的菌种;杏鲍菇与其他菇类在一个菇棚内同时培养;培养料的配方不合理;杏鲍菇子实体生长过程用药不当而引起药害,或机械损伤等原因。

防治方法:第一,原种及栽培种长满后应立即使用,避免存放时间过长;25 ℃条件下,弃用培养 45 天以后的菌种。第二,杏鲍菇菇房以及周边勿栽培猴头菇。第三,配方使用前要做出菇试验。第四,选择健壮的菌种,杏鲍菇的栽培应采用液体菌种或“三级制种”。要避免“四级制种”或“多级制种”,甚至将出菇袋(瓶)作为栽培种使用。第五,如果误选了老化菌种,在催蕾出菇阶段,要及时进行料面“搔菌”,使其重新发菌,扭结出菇。

(2)可恢复的畸形

表现症状:通过正确的出菇管理可使子实体由畸形变为正常,该种菇体畸形有 3 种情况,一是原基分化期异常,原基未有菌盖、菌柄的分化,而是大的瘤状物;二是菇蕾或菇体异常,菌盖、菌柄比例严重失调;三是在快速生长阶段菇体扭曲、菇盖薄、长势弱。

发生原因:原基分化期形成瘤状物的主要原因有两个,一是缺氧,二是低温分化障碍。当分化期的环境温度低于 11 ℃,杏鲍菇原基会存在分化障碍。导致菌盖、菌柄比例严重失调的原因有两个,一是缺氧,二是冷风刺激,即菇体温度高,菇房进风温度低,温差超过 10 ℃以上,会形成大肚子的畸形菇。快速生长阶段出现的菇体扭曲、菇盖薄、长势弱主要是由通风少、环境缺氧造成的。

防治方法:因缺氧造成的畸形,可适时打开袋口出菇,改善菇房通风条件,增加通风次数,避免二氧化碳浓度过高。因菇房进风温度低于菇体温度而引起的畸形,可合理安排出菇季节,缩小菇体与进风温度的温差,如降低菇房内的温度,或提高进风温度。

5. 硬开伞

表现症状:杏鲍菇栽培过程中,出现菇体没能长到预定的规格,菌盖未完全充实平展时,菌褶即提前伸直开放的现象。硬开伞会导致菇体规格下降、产量减少。

发生原因:硬开伞与菇体生长的环境因素有一定关系。温度偏高和光线太强,很容易产生薄皮早开伞现象。另外,在菇体发育过程中,若培养基的水分、营养不能正常输送,菇体因饥渴而早开伞。

防治方法:适当降低菇房温度和减少光照,并且注意保持菌袋的水分和营养充足,可以减少早开伞现象。

6. 侧壁出菇

表现症状:子实体不从袋口长出,而是在袋的中部大量形成扁平状的原基,消耗了培养料营养,进而影响了杏鲍菇的产量和品质。

发生原因:主要是装袋过松,袋壁与培养基间有大量空隙,菌丝生理成熟后便形成原基。另外,菌丝成熟后,诱导出菇不及时,空气相对湿度低于80%,运输或摆袋时,菌袋震动过大也会导致侧壁出菇。

防治方法:第一,装料制袋时松紧适宜,防止料与塑料袋壁之间形成空腔;第二,菌丝成熟后,要及时增湿,并给予散射光照,诱导出菇;第三,菌袋搬运过程中,要轻拿轻放,防止菌袋受到较大的震动;第四,在袋中形成原基后,要及时剔除掉或开口出菇。

7. 菇体生长一致性差

表现症状:同一菇房内的菇体生长速度不一致,同步性差,影响了菇房的周转效率。

发生原因:一是菇房内的空气内循环少,菇架上下有温差,导致上面菇长得快，下面菇长得慢；另一个原因是拌料不均匀。

防治方法：增加菇房内循环的启动次数。因拌料不均引起的，应延长机械搅拌的时间，但不要时间过长，防止培养料因微生物繁殖而酸化，一般机械搅拌时间控制在 30 分钟左右。

8. 菇盖表面有瘤状物

表现症状：在菇盖边缘或整个菇盖上长满了疙瘩，这种子实体称为瘤状菇。

发生原因：该症状一般发生在冬季，杏鲍菇对剧烈温差变化较为敏感，出菇房内的菇体温度低，而进风温度高，由冷热空气刺激，引起菌盖内外细胞生长失调，导致菇盖表面易形成瘤状物。

防治方法：少量多次排风，每次排风时间不宜过长，温度高的季节，可选择早晚及夜间排风。防止冬天通风换气时（棚）内外温差过大。

9. 表面龟裂

表现症状：在菌盖或菌柄上出现龟背状的不规则裂纹，类似于香菇花菇。

发生原因：主要是生长环境中温差大且湿度过低，使菌盖表皮细胞生长停滞而内部细胞不断生长造成的。

防治方法：由于杏鲍菇属于稳温结实性菌类，生长要求的温度范围较窄，因此应注意保持菇房（棚）内相对稳定的温度，同时注意空气湿度。秋、冬季节较为干燥，应采用增湿设备适当提高菇房（棚）内的空气湿度，但也不能过高，空气相对湿度以保持在 85%~90%为宜。

10. 水斑菇

表现症状：在菌盖上出现黄色的斑点，影响菇体的外观。

发生原因：第一，菇房（棚）内空气湿度过大，超过 95%；第二，由直接向子实体喷水，水珠凝结，滴落到菌盖上造成。

防治方法:第一,在出菇期间,要严格控制菇房(棚)内的空气相对湿度在85%~90%。当空气湿度过高时,要及时通风,以降低湿度;空气湿度过低时,也不宜直接向子实体喷水,而是采用地面喷水或者水蒸气增湿。第二,发现病菇要立即摘除,将菌袋放于通风处晾干后,再行出菇。

11. 子实体个体太小

表现症状:优质杏鲍菇一般个体较大,平均单朵菇重为100 g,大小均匀。病菇个体小、长不大,单朵重量多在20 g以内,商品率低。

发生原因:第一,培养料配方不合理,营养成分不够,菇蕾生长没有后劲;第二,没有进行疏蕾,出菇过密,营养分散再加上空间限制,使菇蕾大部分不能长成商品菇。

防治方法:第一,科学配制培养料。碳氮比要合理,营养成分要全面;第二,要及时疏蕾。对于两头出菇的菌袋,每头可保留2~3个菇蕾。

12. 菇柄中空

表现症状:在生长的中后期,杏鲍菇菇柄逐渐变成空心,组织疏松,商品价值大降。

发生原因:第一,菌种退化。调查统计发现,凡使用连续传代3次以上、未经提纯复壮菌种的菇农,有70%出现了菇柄中空的现象。第二,室温过高,长速过快。菇体发育过程中,温度持续2天以上超过18 ℃,菇体生长迅速,养分供给跟不上,造成菌柄中空。第三,料袋基质缺水。两三潮菇后,料袋的含水量小于40%,而空气相对湿度超过90%,菇体生长较快,料袋缺水,因而养分供应不上。第四,密度过大,通气不良。菌袋排放过密或袋内的子实体过密,造成子实体缺氧或养分供给不足。第五,培养料养分不足。

防治方法:第一,不使用连续转代次数过多的菌种。第二,确保适宜的生长发育条件。第三,保证菌袋的含水量,控制好菇房(棚)内的空气湿度。第四，加大菌袋（棒）的间距，排放菌袋（棒）时，袋（棒）间距至少要在 3 cm。适时开袋，防止菌丝徒长，白白消耗养分。通过疏蕾，控制菇蕾密度，依据料袋的大小，每袋只留 2~4 朵。第五，适当调高培养料的养分，尤其是氮素营养。第六，适时安排种植时间，以确保优质高产。

二、杏鲍菇的虫害及其防治

（一）害虫

杏鲍菇栽培中会出现昆虫类、线虫类、螨类及软体动物等害虫。害虫的成虫和幼虫啃食菌丝体和子实体，造成菌丝萎缩、消失；菇柄基部发黄变褐，并向上延伸，导致菇蕾皱缩，干枯死亡。部分害虫还携带、传播病害，引发交叉感染，不断加重危害性。当菌丝被虫害侵袭后，抗逆能力会大幅度降低，导致生命力减弱，进而为杂菌侵染提供了条件。此外，由于害虫自身携带大量的杂菌，钻入培养料，无疑将加重培养料的污染程度。现将常见的几种害虫介绍如下。

1. 蚊类

为害食用菌的蚊类有多种，主要属于长角亚目的眼菌蚊科、菌蚊科、瘿蚊科、粪蚊科等。

（1）眼菌蚊科

形态特征：头部较小，常为下口式；复眼发达，触角节数多于 3 节，体不纤弱，触角鞭状，翅膜质无毛，翅脉多。成虫体暗褐色，长 2.5 mm，前翅退化成平衡棒，翅长约 2.6 mm。初孵化幼虫体长 0.6 mm，老熟时 4.6~5.5 mm。卵椭圆形，乳白色。成虫有趋光性。

危害情况：害虫在菇房的温度、湿度适宜条件下可全年发生。一只雌虫可产卵 50~150 粒，一年可繁殖多代。幼虫蛀食食用菌菌种、发菌块和子实体，将菌丝吃光，将培养料吃成粉末状，危害子实体时常从菌柄基部蛀入，蛀空菌柄。

防治措施：这种害虫主要是幼虫为害培养料及菇体中为害，一旦发生就很难防治，食用菌生长周期又短，因此，必须采取预防为主、防重于治、防治结合的综合防治措施。

此科中的厉眼菌蚊、闽菇迟眼菌蚊和金翅菇蚊等种类是食用菌最常见的害虫。其中，金翅眼蕈蚊是杏鲍菇栽培中菇房内最常见的菇蚊，详细介绍如下。

基本形态：成虫体长约 3.0 mm，头部卵圆形，复眼较大。腹部 7 节，扁圆形，胫节褐色，触角很长，17 节。翅面有蓝紫色金属光泽。幼虫蛆状无足，老熟幼虫体长 4~5 mm，白色透明，显微镜下可见消化道，头部革质，黑色。

为害情况：在菇蕾形成初期就开始危害，成虫产卵于料面的菌丝或菇蕾上，随着菇蕾的发育虫卵也逐步孵化，幼虫孵化出后就开始蛀食菇蕾的柄基部，深入其中，并向上蛀食，在菇柄中形成很多隧道。更严重的是幼虫向上蛀食到菌盖，将菌盖蛀空呈海绵状。菇体表现的症状是菇柄基部发黄，此时杏鲍菇生长尚未受到影响，但随着时间的椎移，菇柄基部会全部发黄变褐，并向上延伸，菇体生长明显受抑制，再过几天整株变黄枯萎。幼虫老熟后或突遇低温就会化蛹，蛹主要镶嵌于料面或菇柄的基部，呈芝麻粒状，初期白色，后呈深褐色。

防治措施：第一，做好菇房的消毒处理。栽培前把栽培房、栽培架清洗干净，然后在门、窗、通气孔安装 60 目以上的尼龙窗纱，防止成虫飞入。墙壁及屋顶的缝隙、破洞补好、贴严，然后用杀虫剂进行熏蒸，常用的药剂及用量如下：

磷化铝：每立方空间 10 g（相当于片剂 3 片），密闭熏蒸 72~76 小时。敌敌畏：用 80%的敌敌畏 500 倍水溶液对菇房内、外和培养架上、下各处均匀喷洒，然后密闭熏蒸 24~36 小时。

第二，改进栽培管理条件，促菇控虫。采菇后，要认真清理料面，除掉菇根及烂菇并集中深埋。采菇三潮后及时清理培养料袋，将废料袋移出菇房，杜绝害虫孳生传播，严禁新旧培养袋同放一个菇房。

控制浇水量,在栽培管理过程中浇水过多,会造成杏鲍菇菌丝和菇蕾腐烂,往往为金翅眼蕈蚊大量繁殖创造了有利条件。

第三,诱杀害虫。利用成虫有趋光性的特点,可用黑光灯或节能灯诱虫。在菇房灯光下放置水盆,加入糖醋毒液,或 0.1%的敌敌畏药剂,成虫扑灯落入水中即死亡。也可用粘虫板诱杀,用 40%的聚丙烯粘胶涂在木板上,挂在灯光强的地方效果较好,有效期可长达两个月。

第四,喷洒药物。未出菇期或采菇后,用 20%的杀灭菊酯、25%的菊乐合酯 2000 倍液或 2.5%的溴氰菊酯 1500~2000 倍液喷雾能收到一定效果,其他如敌百虫、二嗪农、辛硫磷等均可用于喷雾消灭金翅眼蕈蚊的成虫、幼虫。用药后要过 5~7 天后才能采菇食用。

(2)菌蚊科

此科有大菌蚊和小菌蚊两种。

1)大菌蚊

形态特征:成虫黄褐色,体长 5~6.5 mm,宽 1.2 mm,头黄色,胸部发达具毛,背板多毛并具 4 条深褐色纵带,中间两条呈 V 字形,腹部 9 节,3 对足细长,基节和腿节淡黄色,幼虫共 4 龄,1~2 龄幼虫无色透明,老熟幼虫体淡黄色,头壳黄褐色,共 12 节。卵褐色,锥形。

为害情况:幼虫均有群居性,为害菌丝和子实体。大覃蚊常将子实体的菌褶吃成缺刻,被害菇体易萎缩死亡或腐烂;其对菌丝的为害,多在培养料表面咬食菌丝,但不深钻培养料内,较喜阴湿,有趋光性。

2)小菌蚊

形态特征:此为杏鲍菇菇房中的大型菇蚊。雄虫成虫体长为 4.5~5.4 mm,雌虫成虫体长为 4.5~6.0 mm,体淡褐色,头深褐色;口器黄色,下颚须 4 节;触角丝状,共 16 节;复眼黑色,肾形单眼 3 个,眼周围有黑圈;前翅发达,平衡棒乳白色;足基节长而扁;腹部 9 节,雄虫外生殖器有一对显著的铗状抱握器,雌虫产卵器尖细。

卵乳白色，椭圆形，长约 1.0 mm。幼虫灰白色，长筒形，老熟时体长 10~13 mm，头骨化为黄色，头的边缘有一条黑边。体分 12 节，前 3 节有时有黑色花纹，各节腹面有 2 排小刺，腹部较密。蛹乳白色，长 6 mm，复眼褐色，腹部 9 节，气门边缘有显著的黑斑。

发生规律：小菌蚊的生活周期为，在 17~24 ℃下卵期为 3~5 天；在 23.0~32.8 ℃下幼虫期为 11~14 天；在 17~22.8 ℃下蛹期为 2~8 天，一般 3~4 天；成虫寿命为 3~14 天，一般为 6~11 天。在 17~32.8 ℃下，全世代为 28 天。

成虫有趋光性，羽化后当天即可交尾产卵，卵堆产或散产，产卵量最多可达 270 余粒，一般为 20~150 粒。

为害情况：菌包开袋后，成虫产卵于培养料的表面，条件适合时，卵很快孵化。幼虫起始在料面危害，取食菌丝体及幼蕾，该虫喜群聚并吐丝拉网，有时整个料面及菇蕾全被包裹，幼虫藏匿其中取食。菌丝受害后，菌丝体退化；菇蕾受害后皱缩干枯；子实体受害后，菇柄被蛀食成许多小洞，菌盖常被吃成缺刻。幼虫发育成熟后，于料面或靠近塑料袋的边缘吐丝结一白茧，幼虫于其中化蛹，蛹为乳白色。

防治措施：①保护天敌。保护寄生在小菌蚊蛹内的一种姬蜂，寄生率在 50%以上。②人工捕捉。幼虫和蛹极易被发现，及时将其捕捉和销毁。③安装纱门、纱窗。菇房门窗和通气口装上纱网，阻隔成虫迁入繁殖。④药剂防治。可用敌百虫 500~1000 倍液喷洒，喷药前要先将菇摘掉。

（3）瘿蚊科

真菌瘿蚊俗称红蛆、瘿蝇，是此科中对杏鲍菇的菇房危害最严重的双翅目害虫。

形态特征：瘿蚊成虫雌虫体长 1.17 mm、宽 0.29 mm，雄虫体长 0.97 mm、宽 0.23 mm。成虫头部、胸部背面深褐色，其他为灰褐色或橘红色。头小，复眼大，左右相连。触角细长，念珠状，11 节，雄虫触角比雌虫长。腹部可见 8 节。翅宽大，有毛，翅脉弱而少。足细长，基节短,胫节无端距。雌虫腹部尖细,产卵器可伸缩。雄虫有一对钳状抱握器。

幼虫纺锤形,体 13 节,头部不发达,有 1 对触角,无足,表皮透明,体色因环境而异,常为橘红色、橘黄色、淡黄、白色。能幼体生殖的老熟母虫体长 3.2 mm、宽 0.6 mm,橘红色。蛹为裸蛹,长 1.1 mm、宽 0.27 mm,橘红色。初蛹胸部为白色,腹部为橙红色,羽化前变棕色。卵略为肾形,长 0.3 mm、宽 0.1 mm,初产为乳白色,逐渐变为淡黄褐色。

瘿蚊有两种繁殖方式,在条件适宜时营幼体生殖,这是一种无性繁殖方式,无论由卵孵出的幼虫还是由母虫体中产出的幼虫,其体内都已有未成熟的卵。随着幼虫自身的生长,卵逐渐发育成熟,孵化后的幼虫取食母体的组织,吃光后咬破母虫体壁钻出。在不良的环境下营有性生殖,老熟幼虫化蛹后羽化成雌雄成虫,两性交配产卵,繁殖后代。

瘿蚊一年多代,繁殖极快。在 18 ℃下,卵期 4 天左右。在 18~20 ℃下,有性繁殖的幼虫期 10~16 天,蛹期为 6~7 天。幼体生殖,全世代历期:25 ℃下为 3~4 天,20 ℃下为 7 天。每条母虫可生产 20 条左右的小幼虫。成虫一羽化出来就能交配产卵,每一雌虫产卵量 4~8 粒。在 20 ℃左右,成虫寿命为 2~3 天。

幼虫喜湿,不耐干旱。可在潮湿处活动自由,在水中存活数日,而在干燥条件下活动困难,仅靠身体蜷曲和张开的力量移动或众多幼虫聚在一起成一红色的球,以求生存。

生活习性:秋天,随着杏鲍菇的栽培,野外的成虫迁入菇房,成虫在料中产卵,繁殖后代,幼虫孵化后取食菌丝。出菇后为害子实体,70%的幼虫集中在菌环处(菌盖与菌柄的交界处)。从诱集成虫数量看,最高虫峰在 10 月份,因此秋菇受害最严重,之后随着气温下降,虫量减少。冬天幼虫在培养料中越冬,越冬幼虫耐寒力不强。由于菇房冬季最低温度在 0 ℃左右,因此幼虫不会被冻死。翌年 2~3 月份随温度上升,越冬幼虫开始幼体生殖,虫量随之增加,为害春菇。收菇完毕后,幼虫随培养料移出菇房,在废料中越夏。越夏幼虫有较强的耐高温能力。夏天在室内常温下能存活至秋天,并能正常繁殖后代。秋天种菇后成虫又飞入菇房产卵,塑料大棚栽培的杏鲍菇受害尤重。

为害情况:幼虫可为害菌丝和子实体,成虫和幼虫都具趋光性,光线强的料面虫害密度大,在培养料表面呈橘红色虫团。为害子实体时,多数聚集在菌柄基部,从基部钻入菇体。严重时,在塑料袋薄膜的水珠处、料面和菌柄基部表面甚至菌盖上都可出现橘红色虫群。真菌瘿蚊幼虫群聚为害,常常几十头聚在料面下为害菌丝。幼虫在塑料袋向光的一面虫体聚集较多;环境湿度降低时,幼虫就向袋内转移,此时聚集现象特别明显,常呈橘红色的一片。此虫还具有孤雌生殖现象,传播速度很快,有时造成整个料面的菇蕾全部枯萎,损失惨重,但一旦子实体长成,尚未发现幼虫的钻蛀取食现象。

防治方法:

1)杜绝虫源。搞好环境卫生,清除菇房内外垃圾,对废料、有虫菇一定要及时烧毁或深埋;在菇房的通气孔及门窗安装0.20~0.27 mm 孔径的尼龙纱或双层纱布,阻隔成虫迁入。成虫高峰期时,在门窗纱上喷洒25%的喹硫磷3000倍液,喹硫磷是防治瘿蚊的特效药,每隔10天喷一次,效果更好。

2)菇床防治。真菌瘿蚊在菇床上的防治适期为覆土期及调水期。杏鲍菇菌袋在覆土前用20 g/m^{2}的虫螨灵粉撒在料面,并拌入料中约2 cm深再覆土,对真菌瘿蚊的防治效果可达100%;用1:500~800倍的菊乐合酯与砻糠混合后再拌入覆土中,可以控制瘿蚊对杏鲍菇的危害。调水前用1:1000倍的菊乐合酯药液喷在床面,用液量1000 g/m^2,防效比调水后用药提高90%。也可在幼虫聚集处吸干水珠后撒少量石灰粉将幼虫杀死,或当虫害发生时停止喷水,让培养料表面干燥,使幼虫停止生殖,直至干死。

(4)粪蚊科

形态特征:粪蚊科属长角亚目,但成虫触角粗短,比头略长;体粗壮,胸部大而隆起,腹部圆筒形,体色多呈黑色有光亮而少毛;复眼发达,单眼3个;前翅翅端圆,前缘3根翅脉粗壮,其余脉细弱。雌虫腹部圆筒形,雄虫有向下弯的抱握器。卵长圆形,前端较尖,乳白色,孵化前光亮。幼虫共四龄。初龄幼虫白色,每节背部有两个黑点。高龄幼虫长而扁,头壳黄褐色,体淡褐色,上被灰色细毛,腹末有2对棒状突起。蛹褐色,气门明显,前气门突分叉,褐色。通常以蛹的形式越夏,老熟幼虫和蛹在培养料中过冬。

为害情况:气温5~30 ℃为其活动期,多发生在腐殖质多而潮湿的菇房,成虫有群居飞舞的习性,幼虫危害培养料、菌丝、原基和菇体。造成培养基松散,发黏,失去出菇能力,子实体造成缺刻、孔洞,随之被绿霉等杂菌感染。

防治方法:

1)注意环境卫生,及时处理废料,减少虫源。门、窗安装0.27 mm孔径的尼龙纱或双层纱布,并定期在纱窗上面喷药,阻隔成虫迁入。

2)使用药剂防治,喷洒保菇粉300倍、40%的马拉松4000倍、25%的喹硫磷1500倍药液,对成虫防效均达100%;40%的速敌菊酯1500倍液防效达97%。

2. 菇蝇类

常见为害杏鲍菇的菇蝇包括蚤蝇科、果蝇科、蝇科等中的多种害虫。

(1)蚤蝇科

蚤蝇俗称菇蝇、厩蝇、菌蛆,属双翅目,芒角亚目,为小型蝇类。成虫头小,胸部扁;复眼大,单眼3个;触角3节,第三节大,上有一触角芒;头和体上多生刚毛;足腿节扁宽,胫节有端距并多刺毛;翅多宽大。幼虫体前端狭而后端宽，可见12节，体壁多有小突起，后气门发达，在一对突起上。蛹为围蛹，长椭圆状，腹部平而背面隆起，胸背部有一对角突。蚤蝇是食用菌养殖业重要的害虫之一，主要有白翅型蚤蝇、泰纳异蚤蝇等。

1）白翅型蚤蝇

形态特征：成虫体长1.4~1.8 mm，体褐色或黑色，最明显的特征是停息时体背上有两个显眼的小白点，是翅折叠在背部而成。头扁球形，复眼黑色，触角短小，近圆柱形，有芒，第三节色暗红。额宽，下颚须黄色。胸部隆起，中胸背板大，盾片小，呈三角形。翅短白色。足深黄色至橙色，腿节、胫节、跗节上密布微毛。卵白色，椭圆形。幼虫乳白至蜡黄色，长2~3 mm。蛹黄色。

生活习性：该蝇行动迅速，活跃，喜高温。温度为10~18 ℃时，需40~45天繁殖一代。成虫喜在通风不良、湿度过大、死菇烂菇多的地方产卵、繁殖。幼虫老熟后在覆土层或培养料表层化蛹。

为害情况：该蝇食性杂，分布广，幼虫喜高温。以幼虫为害食用菌的培养料、菌丝体、子实体。幼虫从菇蕾基部侵入，在菇柄内蛀食柔嫩组织，使菇体变成海绵状，最后将菇蕾吃空，并危害菌丝体，引起菌丝迅速衰退。

防治方法：①搞好菇房内外环境卫生，给菇房的门、窗、通气孔装上60目的尼龙纱网，以防成虫飞入。②菇房及菇床的湿度不能过高，适时通风换气；避免直接向菇体猛喷水。③虫害发生严重时，在菇体采收后，可用80%的敌敌畏800~1000倍液喷洒菇房空间及周围，用40%的辛硫磷1500倍液喷洒覆土表面及周围床架；用40%的二嗪农乳油1000~1200倍液喷洒袋表、覆土、空间和地面等。

2）泰纳异蚤蝇

泰纳异蚤蝇于1995年作为食用菌害虫首次在印度被发现，在波兰和韩国也有相关报道，是国内新发现的一个蚤蝇品种，主要分布在我国辽宁沈阳和西南地区。

形态特征:雄虫平均体长为3.25 mm,体色黑,额棕色,复眼下方2根颊鬃明显,侧颜鬃4根。触角鞭节膨大,呈棕色球形,表面着生短绒毛。下颚须棕色,具有5根长鬃。胸深棕色,背板被短毛。前足略黄,后足近于体色。翅为膜质透明,黄褐色。腹部背板深棕色。平衡棒的凸面棕色,凹面灰色,表面光滑,只有基部有2根纤毛。

雌虫平均体长为3.35 mm,体色稍浅,头小。交配后的雌虫明显大于雄虫,此时体长约为4.56 mm。胸部背板弯曲程度较雄虫略轻,前足上1根长鬃突出。中足胫节末端孤立着生1根大鬃,约为胫节长度的2/5。腹部呈长圆柱形,且具多条纵向条纹。

卵乳白色,表面附着一层很薄且透明的脂肪层,大量集聚于菌丝和菌料接壤的边缘,以及菌袋两端圆口周围的菌料上。幼虫分3龄,呈白色,具有11体节,体表附着一层淡色脂肪,约占幼虫厚度的3/10。蛹由深褐色逐渐变为棕黄色,具1对呼吸角。喜高温、干燥的环境,常聚集在菌包内菌料的表层或镶嵌于菌料内部。

生活习性:生活周期为21~25天,其中卵期持续1天。幼虫阶段为5~7天,随后会在菌料表层相对干燥的地方化蛹,蛹期持续6~8天即可羽化为成虫。雄性成虫可存活4~6天,雌虫可存活5~8天。

成虫喜高温高湿环境,尤其是菇房内遮阳网的向阳面附近,常聚集大量的成虫,在刚出菇的菇蕾上及在菌袋开口处,以折线型路线迅速爬行。幼虫会在菌丝和菌料之间穿梭蛀食,在菌料表层相对干燥的地方化蛹,羽化后交配,并产卵于菌包的菌丝上。幼虫的适宜温度为14~27 ℃,适宜湿度为60%~80%。

为害情况:9月中旬为虫害高峰期,至11月初结束。蚤蝇的大量繁殖使菌包内长满幼虫,幼虫爬行缓慢,大多聚集在菌丝和菌料接壤的位置,以便于取食菌丝并破坏表层菌料,致使菌丝生长的养料丧失,大多数菌包从中部发黑并迅速扩散,10~20天菌包全部变黑,幼虫也迅速布满菌包。在此期间,成虫不断出现并产卵于新鲜的菌袋内,为害极其严重。

防治方法：泰纳异蚤蝇主要为害种植初期，正是菌丝生长时期，不能用药以免导致子实体畸形。应在菇房（棚）外笼罩 30 目以上的纱网，防止外界的成虫飞入菇棚繁殖为害菌丝生长，同时在棚室内悬挂黄板，减少成虫数量，但菌包内部的幼虫较难根治。

一般出菇前，可采用 9 g/m² 的磷化铝或 3.5 g/m² 的 10%的蚊蝇净烟剂（三氯杀虫酯）密闭熏蒸，24 小时后打开菇房，通风换气。出菇期虫害严重时，可先采完菇，再在菇房内喷施烟碱（1 kg 烟梗加入 100 kg 水煮沸后取溶液）、鱼藤精或 4.5%的氯氰菊酯 1000 倍液或 50%的锐劲特悬浮剂 1500 倍液喷雾。食用菌子实体采收前 7 天内禁用化学农药。可以安装黑光灯或白炽灯，采用灯光诱杀等低毒或无毒的方式杀灭环境中的成虫。

（2）果蝇科

果蝇科属双翅目，芒角亚目，为小型而色淡的蝇类。头大，复眼多为红色，单眼 3 个，触角第三节大，呈椭圆形，触角多为羽状或有一列长栉毛，胸部大，腹部较短。口器舔吸式，有口鬃。足和体上均有刚毛。翅透明，常有色斑。幼虫蛆形，蛹为围蛹。主要有黑腹果蝇等。

黑腹果蝇，又称菇黄果蝇。

形态特征：成虫黄褐色，体长约 5 mm。雌虫腹部末端钝圆，颜色深，有黑色环纹 5 节。雄虫腹部末端尖细，颜色较浅，有黑色环纹 7 节。雌虫的前足跗节前端表面有黑毛鬃毛梳，称为性梳，雄虫的跗节前端表面无黑色鬃毛梳。卵乳白色，长约 0.5 mm，表面布满角形网格，背面前端有一对触丝。幼虫白色至乳白色，无胸足及腹足，蛆状，老熟幼虫体长约 5 mm，头部尖，尾部具乳突。蛹为围蛹，初期为白色，软化，后渐硬化为黄褐色。

生活习性：成虫喜欢在烂果或发酵物上取食和产卵，幼虫从卵中孵化出来后，经二次脱皮（即三龄），成为老熟幼虫，然后爬至较干燥的栽培袋壁上，于末龄幼虫的皮壳中化蛹。黑腹果蝇生活周期短，繁殖率高,一年可繁殖多代。10~30 ℃的气温条件下均能正常产卵繁殖,而以 20~25 ℃ 为最适宜温度。完成一代只需 12~15 天。当温度升高至 30 ℃以上时,成虫即不育或死亡。

为害情况:以幼虫危害食用菌的菌丝体、子实体。幼虫取食菌丝和培养料,常使料面发生水渍状腐烂。危害子实体时,钻蛀菇蕾、菇柄和菇盖,导致子实体枯萎和腐烂。

防治方法:①菇房门、窗安装纱网,防止成虫飞入菇房。②保持菇房清洁卫生,定期在菇房四周喷洒敌敌畏,以消灭虫源。③诱杀成虫。取一些烂果或酒糟放在盘中,倒入少量 80%的敌敌畏 1000 倍液诱杀成虫。也可用配方为酒∶糖∶醋∶水=1∶2∶3∶4 的糖醋液,加上几滴敌敌畏液所制成的诱杀液,置于灯光下诱杀成虫。

(3)蝇科

蝇科属双翅目,芒角亚目,为小型至大型,通常体长 3~8 mm,体上鬃毛较少。头大,复眼发达,离眼式;触角芒为羽状;喙肉质,能伸缩;前胸背板发达,下侧片及翅侧片的鬃不排成行列,腹部短,有毛。幼虫圆柱形,前端尖,后端截形。蛹为围蛹,淡黄色或红褐色。其中,厩腐蝇对杏鲍菇为害较重。

形态特征:厩腐蝇的成虫体长 6~9 mm,暗灰色。复眼褐色,触角芒羽状。胸部背板有 4 条黑色纵带。翅肩鳞及前缘基鳞黄色。后足腿节端半部腹面黄棕色,下颚须呈橘黄色。雄虫两复眼间距明显较雌虫的为窄。卵椭圆形,白色。幼虫蛆形,白色,头尖尾粗,末端呈截形,后气门黑色。虫体外观可见 12 节,头部口钩黑色。老熟幼虫略呈浅黄色,体长 8~12 mm。蛹长椭圆形,红褐至暗褐色,体表光滑。

生活习性:菇蝇繁殖力较强。喜高温潮湿,以成蝇越冬。菇房内越冬成虫于 4 月份开始发生,成虫数量 5 月份下旬至 7 月份上旬达高峰。入伏后虫量下降,9 月份中旬再度回升。菇房中幼虫于 4~6 月份及 9 月份下旬至 10 月份下旬为害食用菌培养料和子实体。成虫产卵有集中产于物体表面的习性。堆料发酵时,卵多产于堆表及四周，出菇期卵多产于料袋表面或子实体基部。成虫和幼虫都有较强的趋化性和趋腐性。菇房的菇香味和烂菇味对菇蝇都有很强的吸引力。

为害情况：幼虫孵化后有群集为害的习性。幼虫为害培养料使其局部湿化，引起杂菌感染，对发菌影响很大；为害子实体则使幼蕾死亡，子实体腐烂。虫量较大时，菌袋表面菇蕾、子实体全部腐烂，局部绝收。幼虫老熟后在为害部位缝隙中化蛹。从卵期至蛹期完成一代约 18 天。成虫不喜强光，对灯光、糖醋酒液有明显趋向性。幼虫多在培养料表层群集活动，一般不钻到培养料深处为害。

防治方法：菇蝇钻入料内和菇体为害，可随培养料进入菇房，也可随菇房通风和门窗进入菇房。因此，以预防为主，杀灭成虫是关键。

1）搞好菇棚内外环境卫生，及时处理废料、死菇和烂菇，防止成虫产卵繁殖，减少虫源。发现菌袋内有虫卵时要及时销毁或回锅灭菌后重新接种。

2）在菇房门窗上安装 60 目尼龙纱网或双层纱布，尽量缩短菇房内开灯时间，能有效地阻止成虫飞入菇房。

3）在菇房四角设置诱杀盆，诱杀盆直径 20 cm 左右。诱杀剂可用糖醋酒液诱杀，效果比蔗糖溶液更好，其配方为白酒：水：红糖：醋=0.5：2：3：（3.5~4）。还可用糖醋毒饵诱杀成虫，制作方法：将麦麸炒香，然后加入糖、食醋搅拌，糖和食醋的用量以可散发出较强的糖醋味为度。毒饵可放菇棚的门口和其他不影响操作的地方。无论何种诱杀剂，都要加入少量敌百虫。黑光灯诱杀的效果也不错，其方法是将 20 W 黑光灯管装在菇棚顶上，在灯管正下方 35 cm 处放一个收集盆，盆内盛适量的 0.1%的杀虫剂药液，可诱杀菇蝇。

发现成虫在袋口或棚室活动时，要喷药防治，常用的药剂有菇净、菊酯类等。也可将 40%的二嗪农乳油 1200 倍液喷雾于菇房空间，以及门、窗、墙壁及袋面覆土，48 小时成虫死亡率可达 99.5%。

4）菌袋一经发现幼虫应及时剔除，并用70%的酒精对为害部位进行消毒。在湿化严重的部位，要用生石灰粉撒施料袋（堆）表面或连同培养料一起剔除。不出菇的情况下可注入2000倍菇净药液杀虫。发现幼虫钻入袋内或料面内时可喷洒40%的二嗪农乳油1200倍液。

3. 螨类

螨类俗称菌虱，属蛛形纲，蜱螨目。螨类种类繁多、分布广、习性杂，对食用菌危害性最大的两类分别是粉螨和蒲螨。

形态特征：螨类一般很小，肉眼不易看见，体长1 mm左右，无翅，无触角，以横沟把身体分成两部分，前部为颚体部，着生2对前足，后部着生2对后足。很像蜘蛛，身体大小、体形结构、生活习性因种类不同而异。

蒲螨：个体小，肉眼看不见，扁平，白色至红褐色，须肢较小，螯肢针状。雌螨前足体有2个假气门器，雄螨缺气管系统和假气门器，多在培养料上聚集成团，呈咖啡色。

粉螨：个体稍大，体长不超过1 mm，柔软，白色，发亮，卵圆形，背面黄褐色。无气管系统和假气门器，螯肢发达，须肢简单且较小。粉螨有休眠体，淡红褐色，骨化度较强，腹面有吸盘。不成团聚集，数量多时呈粉状。

生活习性：大多数螨类喜温暖、潮湿环境，常潜伏在稻草、米糠、麦皮、棉籽壳中产卵，并随同培养料、菌种和蝇类进入菇房。在25 ℃左右的适温下15天即能繁殖一代，每只雌螨能产卵几十个。成虫有性二型现象。一生经历卵、幼螨、若螨、成螨4个阶段。各种螨类既有共同的生活习性，又有各自的特点。

为害状况：螨类在食用菌生产的各个阶段均能为害。在发菌期，直接取食菌丝，引起菌丝严重枯萎、衰退，造成接种后不发菌或发菌后出现“退菌”现象，导致培养料变黑、腐烂。出菇阶段发生螨害时，大量的菌螨爬上子实体，咬啮小菇蕾，引起菇蕾死亡。污染成熟的杏鲍菇子实体，造成子实体表面形成不规则的凹陷；取食菌褶中的孢子，并躲藏栖息于菌褶中，影响鲜菇品质。为害严重时，能把培养料中的大部分菌丝吃光，造成难以出菇和栽培失败。

防治方法：

1）把好菌种质量关，淘汰有螨害的菌种。

2）阻断螨类来源。搞好菌种培养场地、菇场和培养料场地的环境卫生，要与粮食、饲料、肥料仓库保持一定距离。消灭菇蚊、菇蝇等传播媒介。菇房在使用前用杀螨剂进行喷洒。

3）培养料要进行高温堆制与二次发酵，或培养料拌药。

4）药剂防治。菇房进行清扫后密闭熏蒸消毒。每立方米空间可用 10 g 磷化铝密闭熏蒸 72 小时，也可用每立方米空间 0.5 g 丙体六六六（林丹）点火熏蒸 24 小时。可用敌杀死加石灰粉混合后装在纱袋中，抖散在出菇床架四周，防治螨害。

菇房出现螨害时，可用 15%的杀螨灵、73%的杀螨特、45%的马拉松乳剂等喷雾。还采用油香饼粉诱杀菌螨法，在菌螨为害的培养料面上或床面上盖上湿布，湿布上面再铺放纱布，将刚炒好的油香饼粉撒放于纱布上，待菌螨聚集于纱布后，取下纱布用沸水烫死，连续诱杀几次，杀螨效果良好。

杀虫方式需要根据食用菌不同生长时期分步进行。菌种时期，用 50%的敌敌畏熏蒸杀灭除害。产菇期间如果发生了螨害，从防治的角度来说是相当困难的，可以通过杏鲍菇分批出菇的特性对未出菇的染有螨虫的菌袋用 40%乐果乳油 1000 倍液浸泡，取出放置于出菇室中进行催菇处理。或采用虫螨卵酯 800 倍液加上 25%的菊乐合剂进行混合喷洒除害。在除虫害过程中要注意，将药剂喷药量控制在 700 mL/m^2。对已出菇菌袋上的螨虫，则应将菌袋隔离，置于低温条件下出菇，杏鲍菇菇体可以在较低的温度下生长，而螨虫则因低温而难以为害。

4. 跳虫

为害杏鲍菇的跳虫主要有紫跳虫、黑扁跳虫、角跳虫、黑色跳虫、姬圆跳虫等。现主要介绍最常见且为害最重的紫跳虫、黑扁跳虫。

（1）紫跳虫

形态特征：紫跳虫属弹尾目，紫跳虫科，特点是柔软无翅，触角4节。体近圆筒形或纺锤形。胸部3节，腹部6节，常互相愈合。具弹器，可借弹器迁移活动，弹器短小，正常是于腹部第4节上，可达腹尾处。虫体无变态。成虫体长1.1~1.3 mm，淡紫色至灰紫色，有闪光；前脑发达；触角第三节上的感觉器简单。卵白色球形、半透明。幼虫体形与成虫相似，体色比成虫浅。

生活习性：在土壤中、杂草、枯枝落叶、牲畜粪肥上常年可见，但一般在湿度较高的条件下才能生存。紫跳虫行动活泼，善跳跃，常密集一处，形似烟灰，故又称烟灰虫。因其体表有蜡质层，往往漂浮水面，活动自如，特别是在连续下雨转晴后数量尤多。高湿及25 ℃下有利其生长发育繁殖。如果培养料有机质丰富、湿度较高，温度又适宜，紫跳虫常迁移到菌袋上危害子实体。在一般情况下，它随覆土进入菇房，10~11月份虫量达到最高峰，约占总虫量的80%，该虫可在菇床越冬，到翌年4~5月份有一个小高峰。采菇结束后多数随着清除的废料而进入堆肥或土壤中生活。

为害状况：在杏鲍菇出菇场所的潮湿之地，跳虫常大量发生并聚集在菌袋上为害，害虫咬断菌丝，蛀食菌盖、菌柄，形成蛀孔，降低鲜菇品质，影响产量，甚至造成毁种的可能。跳虫常在废料和腐殖质多的蔬菜地中生活，如在以食用菌废料做基肥的菜地种菇或以该地的土壤作为覆土材料，跳虫为害特别严重。

防治方法：

1）采取各种措施，搞好环境卫生，防止渍水或潮湿，杜绝虫源。

2）如果杏鲍菇子实体形成后发现虫害，可喷0.1%的鱼藤精溶液或1∶150~1∶200倍除虫菊液。也可用50%的敌百虫1000倍液喷于纸上，再滴上数滴蜜糖，将药纸分散覆盖在培养料之上或附近地区诱杀跳虫。也可以把菇房温度升高到 20~25 ℃，使紫跳虫弹跳活跃，然后用 50%的敌百虫 1000 倍液喷雾杀灭。要求喷雾点细一些，尽量远离菇蕾，在菇蕾四周喷射，或以雾状飘落菇袋间，以杀死害虫。

（2）黑扁跳虫

形态特征：成虫体长约 1.5 mm，体黑色，略带有深黑色小点，稍扁。触角粗短，约与头等长，黑色，上有细毛。爪无小齿，跗节末端有少量膨大的黏毛。弹器短而细。卵球形、白色。幼虫体形与成虫相似，淡色。

发生规律：黑扁跳虫喜高温高湿，夏季发生量很大，虫量为全年最高峰，因此在出菇棚内的虫害密度最高，尤其在菇房或曾种过菇的塑料大棚内发生更为严重。

防治措施：可参照紫跳虫的防治办法。

5. 线虫

线虫是一类微小低等动物，属无脊椎的线形动物门，线虫纲种类多，分布广。为害食用菌的线虫目前国内已知的有 15 种。

形态特征：线虫体形极小，线状，长不到 1 mm，宽 50~100 μm，像菌丝一样无色透明，比菌丝略宽，两端稍尖。虫体通常分为头、颈、腹和尾 4 部分。头部有唇和口腔。有的线虫口腔中有口针，口针在口腔中央，是穿刺寄主组织并吸取养分的器官。

生活习性：线虫无处不有，主要习惯在覆土、肥料等闷热、潮湿、不通风的环境中生长。培养料发酵不好；采用 pH 值近中性、富含有机质而又未经消毒的土壤做覆土材料；用不清洁的水喷雾；旧菇房、床架缝隙中残存的休眠虫体和虫卵没有彻底消灭，都是线虫侵染的主要来源。线虫可通过人的手、工具、昆虫，以及雨水、喷水漂流传播，以致到处侵染为害。绝大部分线虫经过两性交配产卵，卵极小。一条成熟的雌虫可产卵数十粒到数千粒。卵孵化为幼虫，幼虫经过

3~4 次蜕皮后变为成虫,在常温下发育较快,繁殖迅速。线虫活动时要有一层水膜,在水中有成团的现象。培养料含水量偏高有利于线虫为害。干燥的条件下,线虫以休眠状态可在土壤中生存好几年。在同一种食用菌培养料中,通常是两种或两种以上的线虫混合发生,但数量不尽相同,往往有明显的优势种。

为害情况:有口针的线虫用口针穿刺到菌丝中吸取组织汁液,使菌丝生长受阻,甚至萎缩消失。没有口针的线虫用头部快速而有力地搅拌,促使食物断成碎片,然后进行吸吮和吞咽。由于线虫的迅速侵蚀,在短期内让菌丝及子实体萎缩、变黑、变湿,最终导致死亡。线虫不仅本身侵害食用菌的菌丝体、子实体,而且其钻食往往为病原菌(细菌、真菌、病毒)造成侵入条件,从而加重或诱发各种病害的发生,导致交叉侵害,造成极大的损失。

防治方法:①加热处理培养料。线虫对高温忍耐能力弱,培养料要进行二次发酵或高温堆制,蒸料时要确保蒸汽充分接触培养料。覆土也应通过高温蒸汽进行消毒,利用高温杀死线虫。②搞好栽培场地的清洁卫生。菇房在使用前要清除残留的烂菇及废料,进行彻底消毒。用甲醛 10 mL/m^2 加高锰酸钾 5 g/m^2 熏蒸 48 小时。出菇棚的土壤可用 1%~2%的石灰水或 1%的漂白粉液喷洒或浇洒,也可用石灰(0.25 kg/m^2)拌沙土撒施。③使用清洁水。拌料或管理用水,都要取干净的井水、河水或自来水。如水源不干净的,可在水中加入适量硫酸铝,使杂质沉淀,以净化水源。④药剂处理。可用 1∶500 倍马拉松乳剂、1%的石灰水的上清液或 1%的食盐水喷洒,并在地面撒施石灰粉有良好的效果。

三、栽培低产的原因及对策

（一）造成低产的原因

1. 生产季节安排失误

杏鲍菇是中低温发菌、低温出菇的菌类，其菌丝生长最适温度为24~26 ℃，子实体生长发育最适温度为13~16 ℃，从菌丝培养到出菇的温度由高到低呈梯度分布才可能出菇。其原基扭结必须有10 ℃左右的低温刺激和昼夜温差较大的变温刺激。因此，在生产上宜安排在秋季栽培、冬季出菇。

有的菇农不根据当地气候条件及杏鲍菇品种的特性，提早在4~5月份进行接种，甚至在炎夏进行栽培接种。由于高温条件下无法满足杏鲍菇菌丝扭结出菇的条件，一直未能出菇，加上炎夏条件下，没搞好菌袋越夏管理，菌丝营养消耗加大，养分浪费严重，导致栽培失败。

2. 菌种质量差

有的菌种带有杂菌，严重的会引起培养料发黏、酸、臭，以致培养料腐败而不长菇；有的原种、生产种菌龄严重不足，接种后未达生理成熟的菌丝因外界条件变化而萎缩死亡；有的因菌龄太长，菌种老化，活力下降，易受病虫害侵染，致使培养料腐烂，不长菇；有的母种转管培养次数超过5次以上，菌株生活力下降；有的甚至把栽培种当原种，导致菌种萌发力差，活力下降，影响到出菇和成活。

3. 制袋不科学

首先，培养基配制不合理：为了节省成本，在培养料中添加废菌料、秸秆等超过总量的30%~40%；有的麸皮用量少于10%，致使培养料碳氮比失调，致使菌丝生长衰弱。加上接种前期，越夏菌丝养分过分消耗，到最后出菇季节到来时，菌丝体已无生长能力，无法正常出菇。

其次，拌料装袋不规范：拌料时水分添加太多或太少均会影响菌丝生长，降低成活率；拌料不匀，造成有的料成团，灭菌不彻底而引致感染；胀袋和有针眼的菌袋未及时贴补；装袋不均匀使料袋有大空隙。

4. 发菌不科学

（1）高温危害

夏季高温条件下，杏鲍菇菌丝能适应的最高温度也不可超过35 ℃。许多栽培者在高温时，未能及时采取降温措施和翻堆，致使在发菌中后期菌丝受到严重伤害，甚至出现“烧菌”解体现象。有的因场所限制，把菌袋搬到光线太强的菇棚内，致使菌丝生长衰退，引起生理烂袋。

（2）病虫危害

在栽培管理阶段，由于无菌操作等流程控制不严，杂菌会感染菌袋，必然造成袋内菌丝生活力下降，无法转入正常生殖生长。栽培场所要注重环境卫生，否则老鼠乱咬菌袋，螨虫、菇蚊、菇蝇等虫害大量侵蚀，将再度造成大批量交叉感染，以致减产或栽培失败。

（3）“黄水”淤积

发菌中后期没有及时疏堆，有的菌筒袋内“黄水”淤积，培养料含水量偏高，未及时处理，易诱发烂袋而低产。

5. 出菇没管好

（1）排袋不准时

催蕾过早，生殖困难。正常情况下，杏鲍菇菌丝经过近50天的营养生长不能出菇，还须经过15天左右的后熟才能达到生理成熟，生理后熟的过程也是一个接受低温刺激、变温刺激加上养分积累的过程。有的栽培者在菌丝满袋后，迫不及待地打开袋口进行炼菌、催蕾，即使有菇蕾形成，原基生长也很弱小，长菇量少且小。在平均气温较高的地区，太早排袋出菇不利于原基形成，还可能诱发烂袋；太迟出菇直接影响其产量。

（2）调控失当、管理不善

出菇阶段本应有新鲜的空气和散射光照，子实体才能正常生长。有的栽培者不注重出菇房的通风换气，使菇房中二氧化碳积累过多，当二氧化碳浓度超过 0.1%时，菇柄便抽长，生长偏弱。再加上光照不正常，菇体不正常生长，变为畸形。

（3）水分调节失误

杏鲍菇在低温条件下，并不忌讳适量地向菇体喷水加湿，以加快生长。但在通风不良、光照不足、温度过高的条件下，这样喷水极易导致菇体发生黄软腐病。在栽培过程中应切记，在高温条件下不能向菇体喷水，否则易造成接种穴、菌棒断裂处积水，加上水中又携带有线虫等，极易使积水处腐烂。

（4）滥用杀虫、杀菌农药

菇蕾旺盛生长时，难免会产生菇蝇、螨类等侵害，用农药敌敌畏、杀灭菊酯等进行杀虫时，若药液喷到菇体上，容易造成菇体软腐和死亡。另外，选用农药的浓度也应十分注意，如对菇房空间的菇蚊进行防治时，可以考虑使用 80%的敌敌畏 800~1000 倍液，或杀灭菊酯 2000~3000 倍液。若使用磷化铝进行熏蒸杀虫，则施药浓度切不可超过 2.0 g/m^3，以防止磷化氢浓度过高杀伤菌丝，导致菌袋中菌丝体死亡，难以出菇，致使栽培失败。

（二）综合防治措施

1. 严控病虫害

菇棚四周要定期喷洒适量的氯氰菊酯等药液，也可撒些石灰粉，预防病虫害，一旦发现杂菌、虫害要及时处理，以免泛滥成灾。

2. 优选栽培期

根据杏鲍菇菌丝生长的最适温度为 24~26 ℃,出菇最适温度为 10~18 ℃,长江以北地区一般可在 9 月份制袋、接种，11 月份上中旬前后出菇;其他地区可根据当地气候条件适当提前或延迟制袋。

3. 筛选优质菌种

要选择种性好、菌龄 40 天左右、无杂菌的优良菌株,如杏鲍菇 1 号、杏鲍菇 2 号、日本杏鲍菇等。菌种管理部门要加强指导、监督菌种生产与销售等环节。

4. 选择好配方

各生产区可根据当地的资源条件灵活选择。

5. 把好发菌关

选用清洁、干燥、通风良好、光线较暗的培养室,菌袋每隔 2 周翻堆一次,保证室内通风良好,防止“烧菌”现象。及时集中清理烂袋,防止交叉感染。

6. 管好出菇关

(1)及时喷出菇水

瞄准市场、气候等因素摆袋出菇,出现原基时要及时喷出菇水。出菇期间一般不向菇体喷水,只向空间喷雾状水等方式来调节棚内湿度。

(2)疏蕾选优法

为使小菇蕾长成优质菇,一般菌袋每穴只留 3 朵左右优质菇蕾。

(3)调控好温湿度

杏鲍菇子实体对温湿度较为敏感,室温低于 10 ℃,原基难以形成;长时间高于 20 ℃,易导致烂袋。出现低温时要采取保温措施;室温持续高于 20 ℃时,要加强空间喷雾状水与对流通风,并开通棚内畦沟的流动水。

(4)调控遮光度

菇棚内高温时,白天要用草帘或麻袋遮光,夜晚开门窗通风;低温时可适当增加光照,在不影响通风条件下尽量保温,但光照不能超过1000勒克斯。

(5)防治病虫害

若发现线虫可喷洒1%的食盐水或0.1%的碘化钾于患处,并撒些石灰粉。菇体受杂菌与虫害侵蚀时,可用3000倍溴氰菊酯喷洒墙壁与地面。

(6)补充营养液

为提高杏鲍菇的产量,采收二潮菇后应补充适量的营养液,可使杏鲍菇品质明显改善、产量显著增加,能增产20%以上。

总的来讲,杏鲍菇出菇阶段有其特殊性,即若第一潮菇未能正常发育,第二潮菇将无法正常形成,广大栽培者应引起高度重视。杏鲍菇出菇失败的原因分析清楚之后,栽培者要认真吸取教训,从合理安排生产季节,到认真选择栽培方式等各方面都要严格对待,合理选用优良栽培材料,认真选用优良菌种,细心调控出菇温度,适时催菇现蕾,完善管理,控制病虫害发生,合理用药,从而取得优质丰产的栽培效果。

附　录

附录1　杏鲍菇分级标准

表1　杏鲍菇鲜品分级标准

<table>
<tr><th rowspan="2">项目</th><th colspan="3">指标</th></tr>
<tr><th>一级</th><th>二级</th><th>三级</th></tr>
<tr><td>色泽</td><td colspan="3">菌盖浅灰色或淡黄色,表面有丝状光泽;菌肉白色;菌褶白色或近白色,菌柄白色、近白色或淡黄色至灰褐色</td></tr>
<tr><td>气味</td><td colspan="3">具有杏鲍菇特有的杏仁香味,无异味</td></tr>
<tr><td>形状</td><td>菌盖圆弧形或扁平,完整、周正、无残缺;菌柄柱状或棒槌状,无弯曲,长度、体形基本一致,大小差异不超过 ±0.1</td><td>菌盖圆弧形或扁平,菌柄柱状或棒槌状,长度、体形基本一致</td><td>菌盖圆弧形或扁平,菌柄柱状或棒槌状,体形基本一致,部分畸形</td></tr>
<tr><td>菌柄直径(cm)</td><td>≤5.0</td><td>≤4.0</td><td>≤ 3.0</td></tr>
<tr><td>菌柄长度(cm)</td><td>15~25</td><td>10~15</td><td>5~10</td></tr>
<tr><td>碎菇率(%)</td><td>无</td><td>无</td><td>≤ 3.0</td></tr>
<tr><td>附着物率(%)</td><td>≤0.3</td><td>≤0.3</td><td>≤0.3</td></tr>
<tr><td>虫伤菇率(%)</td><td>无</td><td>≤ 1.5</td><td>≤2.0</td></tr>
<tr><td>有害杂质</td><td colspan="3">无</td></tr>
<tr><td>异物</td><td colspan="3">不允许混入虫菇、异种菇、活虫体、毛发及塑料、金属等异物</td></tr>
</table>

表 2　杏鲍菇干品分级标准

项目	指标		
	特级	一级	二级
色泽	菌柄白色至近白色、菌盖淡黄色至灰褐色		
气味	具有杏鲍菇特有的香味，无异味		
形状	薄片状，菇片边沿厚、中间薄		
菇片直径（cm）	≤0.3	≤0.3	<0.3
菇片宽（cm）	4×12	3×10	2×6
碎菇率（%）	无	无	无
附着物率（%）	≤0.3	≤0.3	≤0.3
虫伤菇率（%）	无	≤ 1.5	≤2.0
有害杂质	无		
异物	不允许混入虫菇、异种菇、活虫体、毛发及塑料、金属等异物		

一般杂质：杏鲍菇成品以外的植物性物质（如稻草、秸秆、木屑等）。

有害杂质：有毒、有害及其他有碍安全卫生的物质（如毒菇、虫体、金属、玻璃、石粒等）。

虫害菇：有虫害痕迹。

附录 2　NY/T 528-2002　食用菌菌种生产技术规程

1　范围

本标准规定了各种食用菌各级菌种生产的生产场地、厂房设置和布局、设备设施、使用品种、生产工艺流程、技术要求和贮存运输要求。

本标准适用于各种各级食用菌菌种生产。

2 规范性引用文件

下列文件中的条款通过本标准的引用而成为本标准的条款。凡是注日期的引用文件,其随后所有的修改单(不包括勘误的内容)或修订版均不适用于本标准,然而,鼓励根据本标准达成协议的各方研究是否可使用这些文件的最新版本。凡是不注日期的引用文件,其最新版本适用于本标准。

GB 4789.28-1994 食品卫生微生物学检验染色法、培养基和试剂

GB 9687-1988 食品包装用聚乙烯成型品卫生标准

GB 9688-1988 食品包装用聚丙烯成型品卫生标准

3 术语和定义

下列术语和定义适用于本标准。

3.1 品种(strain)

经各种方法分离、诱变、杂交、筛选而选育出来具特异性、均一(一致)性和稳定性的具有同一个祖先的群体。也常称作菌株或品系。

3.2 菌种(pure culture)

经人工培养并可供进一步繁殖或栽培使用的食用菌菌丝纯培养物,包括母种、原种和栽培种。

3.3 母种(stock culture)

经各种方法选育得到的具有结实性的菌丝体纯培养物及其继代培养物,以玻璃试管为培养容器和使用单位,也称一级种、试管种。

3.4 原种(pre-culture spawn)

由母种移植、扩大培养而成的菌丝体纯培养物。常以玻璃菌种瓶或塑料菌种瓶或 15cm × 28cm 聚丙烯塑料袋为容器。

3.5 栽培种(spawn)

由原种移植、扩大培养而成的菌丝体纯培养物。常以玻璃瓶、塑料瓶或塑料袋为容器。栽培种只能用于栽培,不可再次扩大繁殖菌种。

3.6 种木(wood-pieces)

木塞种用的具一定形状和大小的木质颗粒,也称种粒。

3.7 固体培养基(solid medium)

以富含木质纤维素或淀粉类天然碳源物质为主要原料,填加适量的有机氮源和无机盐类,并具一定水分含量的培养基。常用的主要原料有木屑、棉籽壳、秸秆、麦粒、谷粒、玉米粒等,常用的有机氮源有麦麸、米糠等,常用的无机盐类有硫酸钙、硫酸镁、磷酸二氢钾等。固体培养基包括以阔叶树木屑为主要原料的木屑培养基,以草本植物为主要原料的草料培养基,以禾谷类种子为主要原料的谷粒培养基,以腐熟料为原料的粪草培养基,以种木为主要原料的木塞培养基。

3.8 种性(characters of strain)

食用菌的品种特性是鉴别食用菌菌种或品种优劣的重要标准之一。一般包括对温度、湿度、酸碱度、光线和氧气的要求,抗逆性、丰产性、出菇迟早、出菇潮数、栽培周期、商品质量及栽培习性等农艺性状。

4 技术要求

4.1 技术人员

菌种厂应有与菌种生产所需的相应专业技术人员。

4.2 场地选择

4.2.1 基本要求

地势高燥,通风良好。排水畅通,交通便利。

4.2.2 环境卫生要求

至少300 m之内无禽畜舍,无垃圾(粪便)场,无污水和其他污染源(如大量扬尘的水泥厂、砖瓦厂、石灰厂、木材加工厂等)。

4.3 厂房设置和布局

4.3.1 厂房设置和建造

有各自隔离的摊晒场、原材料库、配料分装室(场)、灭菌室、冷却室、接种室、培养室、贮存室、菌种检验室等。厂房建造从结构和功能上满足食用菌菌种生产的基本需要。

4.3.1.1 摊晒场

要求平坦高燥、通风良好,光照充足、空旷宽阔。远离火源。

4.3.1.2 原材料库

要求干燥、通风良好,防雨,远离火源。

4.3.1.3 配料分装室(场)

要求水电方便,空间充足。如安排在室外,应有天棚,防雨防晒。

4.3.1.4 灭菌室

要求水电安全方便,通风良好,空间充足,散热畅通。

4.3.1.5 冷却室

洁净、防尘、易散热。

4.3.1.6 接种室

要设缓冲间,防尘换气性能良好。内壁和屋顶光滑,经常清洗和消毒。做到空气洁净。

4.3.1.7 培养室和贮存室

内壁和屋顶光滑,便于清洗和消毒。培养室和贮存室墙壁要加厚,利于控温。

4.3.1.8 菌种检验室

水电方便,利于装备相应的检验设备和仪器。

4.3.2 布局

应按菌种生产工艺流程合理安排布局。

4.4 设备设施

4.4.1 基本设备

磅秤、天平、高压灭菌锅或常压灭菌锅、净化工作台、接种箱、调温设备、除湿机、培养架、恒温箱、冰箱、显微镜等及常规用具。产量大的菌种厂还应配备搅拌机、装瓶装袋机。高压灭菌锅应使用经有关部门检验的安全合格产品。

4.4.2 基本设施

配料、分装、灭菌、冷却、接种、培养等各环节的设施规模要配套。冷却室、接种室、培养室和贮存室都要有调温设施。

4.5 使用品种

4.5.1 品种

应使用经省级以上农作物品种审定委员会登记的品种，并且清楚种性。不应使用来源和种性不清的菌种和生产性状未经系统试验验证的组织分离物作种源生产菌种。并从具相应技术资质的供种单位引种。

4.5.2 移植扩大

母种仅用于移植扩大原种，一支母种移植扩大原种不应超过6瓶（袋）；一瓶原种移植扩大栽培种不应超过50瓶（袋）。

4.6 生产工艺流程

培养基配制→分装→灭菌→冷却→接种→培养（检查）→成品。

4.7 生产过程中的技术要求

4.7.1 容器

4.7.1.1 母种

使用玻璃试管和棉塞，试管18mm×180mm或20mm×200mm，棉塞要使用梳棉，不应使用脱脂棉。

4.7.1.2 原种

使用650~750mL、耐126℃高温的无色或近无色的玻璃菌种瓶，或850mL、耐126℃高温白色半透明、符合GB 9687卫生规定的塑料菌种瓶，或15cm×28cm耐126℃高温、符合GB 9688卫生规定的聚丙烯塑料袋。各类容器都应使用棉塞，棉塞应符合4.7.1.1规定；也可用能满足滤菌和透气要求的无棉塑料盖代替棉塞。

4.7.1.3 栽培种

使用符合4.7.1.2规定的容器，也可使用17cm×35cm、耐126℃高温、符合GB 9688卫生规定的聚丙烯塑料袋。各类容器都应使用棉塞或无棉塑料盖，并符合4.7.1.2规定。

4.7.2 培养原料

4.7.2.1 化学试剂类

这类原料(如硫酸镁、磷酸二氢钾等)要使用化学纯级试剂。

4.7.2.2 生物制剂和天然材料类

生物制剂如酵母粉和蛋白胨,天然材料如木屑、棉籽壳、麦麸等,要求新鲜、无虫、无螨、无霉、洁净干燥。

4.7.3 培养基配方

4.7.3.1 母种培养基

一般使用附录 A 中第 A.1 章规定的马铃薯葡萄糖琼脂培养基(PDA)或第 A.2 章规定的综合马铃薯葡萄糖琼脂培养基(CPDA),特殊种类须加入其生长所需特殊物质,如酵母粉、蛋白胨、麦芽汁、麦芽糖等,但不应过富。严格掌握 pH 值。

4.7.3.2 原种和栽培种培养基

根据当地原料资源和所生产品种的要求,使用适宜的培养基配方(见附录 B),严格掌握含水量和 pH 值。

4.7.4 分装

母种培养基的分装量掌握在试管长度的 1/5~1/4,灭菌后摆放成的斜面顶端距试管口不少于 50mm,原种和栽培种培养基装至距瓶(袋)口不少于 60mm,灭菌后不少于 45mm,棉塞大小松紧要适度。原种和栽培种培养基的松紧度要一致。

4.7.5 灭菌

母种的培养基配制分装后应立即灭菌;原种和栽培种培养基配制后应在 4 小时内进锅灭菌。母种培养基灭菌 0.11~0.12 MPa, 30 分钟,木屑培养基和草料培养基灭菌 0.12 MPa, 1.5 小时或 0.14~0.15 MPa, 1 小时,谷粒培养基、粪草培养基和木塞培养基灭菌 0.14~0.15 MPa, 2.5 小时。装容量较大时,灭菌时间要适当延长。灭菌完毕后,应自然降压,不应强制降压。常压灭菌时,在 2 小时之内使灭菌室温度达到 100 ℃保持 100 ℃, 8~10 小时。母种培养基、原种培养基、谷粒培养基、粪草培养基和木塞培养基，应高压灭菌，不应常压灭菌。灭菌时应防止棉塞被冷凝水打湿。

4.7.6 灭菌效果的检查

母种培养基置于28 ℃恒温培养，原种和栽培种培养基经无菌操作接种于GB4 789.28-1994中4.8规定的营养肉汤培养基中，于28 ℃恒温培养，48小时后检查，无微生物长出的为灭菌合格。

4.7.7 冷却

冷却室使用前要进行清洁和除尘处理。地面铺消毒过的塑料薄膜后，将灭菌后的原种瓶（袋）或栽培种瓶（袋）放置在冷却室中冷却到料温降至适宜温度。

4.7.8 接种

4.7.8.1 接种室（箱）的基本处理程序

清洁→搬入接种物和被接种物→接种室（箱）的消毒处理。

4.1.8.2 接种室（箱）的消毒方法

用药物消毒并用紫外灯照射。

4.7.8.3 净化工作台的消毒处理方法

先用75%的酒精或新洁尔灭溶液进行表面擦拭消毒，然后预净20分钟。

4.7.8.4 接种操作

在无菌室（箱）或净化工作台上严格按无菌操作接种，接种完成后及时贴好标签。

4.7.8.5 接种室（箱）后处理

接种室每次使用后，要及时清理清洁，排除废气，清除废物，台面要用75%的酒精或新洁尔灭溶液擦拭消毒。

4.7.9 培养室处理

在使用培养室的前两天，采用药物消毒。

4.7.10 培养条件

根据培养物的不同生长要求，给予其适宜的培养温度（多在

22~28 ℃),保持空气相对湿度在 75%以下,通风,避光。

4.7.11 培养期的检查

各级菌种培养期间应定期检查,及时拣出不合格菌种。

4.7.12 入库

完成培养的菌种要及时登记入库。

4.7.13 记录

生产各环节应详细记录。

4.7.14 留样

各级菌种都应留样备查,留样的数量应以每个批号母种 3~5 支,原种和栽培种 5~7 瓶(袋),于 4~6 ℃下贮存,贮存至使用者在正常生产条件下该批菌种出第一潮菇。

附录 A (规范性附录)

母种常用培养基及其配方。

A.1 PDA 培养基(马铃薯葡萄糖琼脂培养基)

马铃薯 200g(用浸出汁),葡萄糖 20g,琼脂 20g,水 1000mL, pH 值自然。

A.2 CPDA 培养甚(综合马铃薯葡萄糖琼脂培养基)

马铃薯 200g(用浸出汁),葡萄糖 20g,磷酸二氢钾 2g,硫酸镁 0.5g ,琼脂 20g,水 1000mL,pH 值自然。

附录 B (规范性附录)

原种和栽培种常用培养基配方及其适用种类。

B.1 以木屑为主料的培养基配方

见 B.1.1, B.1.2, B.1.3,适用于香菇、黑木耳、毛木耳、平菇、金针菇、滑菇、鸡腿菇、真姬菇等多数木腐菌类。

B.1.1 阔叶树木屑 78%,麸皮 20%,糖 1%,石膏 1%,含水量 58% ± 2%。

B.1.2 阔叶树木屑 63%，棉籽壳 15%，麸皮 20%，糖 1%，石膏 1%，含水量 58% ± 2%。

B.1.3 阔叶树木屑 63%，玉米芯粉 15%，麸皮 20%，糖 1%，石膏 1%，含水量 58% ± 2%。

B.2 以棉籽壳为主料的培养基

见 B.2.1、B.2.2、B.2.3、B.2.4，适用于黑木耳、毛木耳、金针菇、滑菇、真姬菇、杨树菇、鸡腿菇、侧耳属等多数木腐菌类。

B.2.1 棉籽壳 99%，石膏 1%，含水量 60% ± 2%。

B.2.2 棉籽壳 84%~89%，麦麸 10%~15%，石膏 1%，含水量 60% ± 2%。

B.2.3 棉籽壳 54%~69%，玉米芯 20%~30%，麦麸 10%~15%，石膏 1%，含水量 60% ± 2%。

B.2.4 棉籽壳 54%~69%，阔叶树木屑 20%~30%，麦麸 10%~15%，石膏 1%，含水量 60% ± 2%。

B.3 以棉籽壳或稻草为主料的培养基

见 6.3.1、6.3.2、6.3.3，适用于草菇。

B.3.1 棉籽壳 99%，石灰 1%，含水量 68% ± 2%。

B.3.2 棉籽壳 84%~89%，麦麸 10%~15%，石灰 1%，含水量 68% ± 2%。

B.3.3 棉籽壳 44%，碎稻草 40%，麦麸 10%~15%，石灰 1%，含水量 68% ± 2%。

B.4 腐熟料培养基

适用于双孢蘑菇、大肥菇、姬松茸等蘑菇属的种类。

B.4.1 腐熟麦秸或稻草（干）77%，腐熟牛粪粉（干）20%，石膏粉 1%，碳酸钙 2%，含水量 62% ± 1%，pH 值 7.5。

B.4.2 腐熟棉籽壳（干）97%，石膏粉 1%，碳酸钙 2%，含水量 55% ± 1%，pH 值 7.5。

B.5 谷粒培养甚

小麦、谷子、玉米或高粱97%~98%,石膏2%~3%,含水量50%±1%,适用于双孢蘑菇、大肥菇、姬松茸等蘑菇属的种类,也可用于侧耳属各种和金针菇的原种。

B.6 以种木为主料的培养基

阔叶木种木70%~75%,附录B.1.1配方的培养基25%~30%。

附录3 NY/T 1284-2007 食用菌菌种中杂菌及害虫的检验

1 范围

本标准规定了食用菌菌种中杂菌及害虫的检验方法。

本标准适用于食用菌母种、原种和栽培种中杂菌及害虫的检验。

2 规范性引用文件

下列文件中的条款通过本标准的引用而成为本标准的条款。凡是注日期的引用文件,其随后所有的修改单(不包括勘误的内容)或修订版均不适用于本标准,然而,鼓励根据本标准达成协议的各方研究是否可使用这些文件的最新版本。凡是不注明日期的引用文件,其最新版本适用于本标准。

GB/T 4789.28-2003 食品卫生微生物学检验染色法、培养基和试剂

GB/T 12728-1991 食用菌术语

3 术语和定义

GB/T 12728-1991确立的及下列术语和定义适用于本标准。

3.1 杂菌(competitor fungi, bacteria)

按照GB/T 12728-1991中2.6.1对杂菌的定义。

3.2 害虫(pests)

各种为害食用菌的昆虫和螨类。

4 原理

食用菌菌种是纯培养物，当食用菌菌种中有杂菌和害虫发生时，引起培养物表面或内部异样，可通过观察、培养进行检验。

5 培养基

5.1 营养肉汤培养基，按 GB/T 4789.28-2003 中 4.8 规定执行。

5.2 马铃薯葡萄糖琼脂（PDA）培养基，按 GB/T 4789.28-2003 中 4.78 规定执行。

6 仪器和设备

6.1 恒温培养箱。

6.2 恒温摇床。

6.3 天平：0~500g，感量为 0.1 g。

6.4 超净工作台。

6.5 高压灭菌锅。

6.6 显微镜。

6.7 放大镜和解剖镜。

7 检验及判定

7.1 杂菌检验及判定

7.1.1 感官检验：用放大镜观察培养物表面有无光滑、润湿的黏稠物；在棉花塞、瓶颈交接处、菌棒接种口处或培养基面上有无与正常菌丝颜色不同的霉菌斑点；打开装有菌种的瓶、袋或试管盖（或棉塞），鼻嗅是否有酸、腥臭等异味。若出现上述 3 种情况之一，判定有杂菌污染。

7.1.2 镜检：在培养物异样部位取少量菌丝体制片，于显微镜下观察，若有不同粗细菌丝或异样孢子存在，判定有杂菌污染。

7.1.3 培养检验

7.1.3.1 在无菌条件下，于培养物上、中、下 3 个部位取大豆粒大小的菌种，接入装有 10mL 营养肉汤培养基的试管，每个取样部位做 3 个重复。同时设 3 个不接种的营养肉汤培养基试管为空白对照，3

个接种大肠杆菌的营养肉汤培养基试管为阳性对照。在 35~38 ℃条件下振荡培养 18~24 小时，观察培养液是否变混浊。若培养液混浊，则判断有细菌污染。

7.1.3.2 在无菌条件下，于培养物上、中、下 3 个部位取大豆粒大小的菌种，接在 PDA 平板上，每个部位取样 3 次。设 3 个不接种的 PDA 平板为空白对照，3 个接种正常菌丝的 PDA 平板为阴性对照。在 25 ~28 ℃条件下倒置培养 3~5 天，观察菌丝颜色、生长速度、菌落特征、有无孢子产生等，与阴性对照相比较，若无不同，则判定无霉菌污染。若有不同，则判定有霉菌污染。

7.2 害虫检验及判定

从待检样品的不同部位取出少量培养物，放于白色搪瓷盘上，均匀铺开，用放大镜或解剖镜观察害虫的卵、幼虫、蛹或成虫，判定有无害虫。

附录 4 NY 862-2004 杏鲍菇和白灵菇菌种

1 范围

本标准规定了杏鲍菇（Pleurotus eryrigii）和白灵菇（Pleurotus nebrodensis）各级菌种的质量要求、试验方法、检验规则及标签、标志、包装、贮运。

本标准适用于杏鲍菇（Pleurotus eryrigii）和白灵菇（Pleurotus nebrodensis）的母种（一级种）、原种（二级种）和栽培种（三级种）。

2 规范性引用文件

下列文件中的条款通过本标准的引用而成为本标准的条款。凡是注日期的引用文件，其随后所有的修改单（不包括勘误的内容）或修订版均不适用于本标准，然而，鼓励根据本标准达成协议的各方研究是否可使用这些文件的最新版本。凡是不注日期的引用文件，其最新版本适用于本标准。

GB 191 包装储运图示标志

GB/ T 4789.28 食品卫生微生物学检验染色法、培养基和试剂

NY/ T 528 食用菌菌种生产技术规程

3 术语和定义

下列术语和定义适用于本标准。

母种(stock culture)

按 NY/ T 528 规定。

3.2 原种(mother spawn)

按 NY / T 528 规定。

3.3 栽培种(spawn)

按 NY/ T 528 规定。

3.4 拮抗现象(antagonism)

具有不同遗传基因的菌落间产生不生长区带或形成不同形式线形边缘的现象。

3.5 角变(sector)

因基因变异或感染病毒而导致菌丝变细、生长缓慢,造成菌丝体表面特征成角状异常的现象。

3.6 高温圈(high temperatured-line)

菌种在培养过程中受高温和氧气不足的不良影响,出现的圈状发黄、发暗或菌丝变稀变弱的现象。

3.7 生物学效率(biological efficiency)

单位质量的培养料(风干)培养产生出的子实体或菌丝体质量(鲜重),用百分数表示。如培养料 100 kg 产生新鲜子实体 50 kg,生物学效率为 50%。

3.8 种性(characters of strain)

按 NY/T 528 规定。

3.9 菌龄(spawn running period)

接种后菌丝在培养基物中生长发育的时间。

3.10 菌皮(coat)

菌种因菌龄过长,在基质表面形成的皮状物。

4 要求

4.1 母种

4.1.1 容器规格

符合 NY/ T 528 规定。

4.1.2 感官要求

母种感官要求应符合表 3 规定。

表 3 杏鲍菇和白灵菇母种感官要求

项目		要求
	容器	洁净、完整、无损
	棉塞或无棉塑料盖	干燥、清洁、松紧适度;能满足透气和滤菌要求
	斜面长度	顶端距棉塞 40~50 mm
	接种量	3~5 mm × 3~5 mm
菌种外观	菌丝生长量	长满斜面
	菌丝体特征	洁白、健壮、棉毛状
	菌丝体表面	均匀、舒展、平整,无角变,色泽一致
	菌丝分泌物	无
	菌落边缘	较整齐
	杂菌菌落	无
	虫(螨虫)体	无
斜面背面外观		培养基不干缩,颜色均匀,无暗斑,无明显色素
气味		具特有的香味,无异味

4.1.3 微生物学要求

母种微生物学要求应符合表 4 规定

表 4 母种微生物学要求

微生物学要求	
项目	要求
菌丝生长形态	粗壮、丰满、均匀
锁状联合	有
杂菌	无

4.1.4 菌丝生长速度

4.1.4.1 白灵菇在(25±1)℃下,在 PDPYA 培养基上,10~12 天长满斜面;在 90mm 培养皿上,8~10 天长满平板;在 PDA 培养基上,12~14 天长满斜面;在 90mm 培养皿上,9~11 天长满平板。

4.1.4.2 杏鲍菇在 PDA 培养基上,在(25±1)℃下,10~12 天长满斜面;在 90mm 培养皿上,8~10 天长满平板。

4.1.5 母种栽培性状

供种单位所供母种应栽培性状清楚,需经出菇试验确证农艺性状和商品性状等种性合格后,方可用于扩大繁殖或出售。产量性状在适宜条件下生物学效率杏鲍菇不低于 40%,白灵菇不低于 30%。

4.2 原种

4.2.1 容器规格

符合 NY/ T 528 规定。

4.2.2 感官要求

原种感官要求应符合表 5 规定。

表 5　原种感官要求

	项目	要求
菌种外观	容器	洁净、完整、无损
	棉塞或无棉塑料盖	干燥、清洁、松紧适度；能满足透气和滤菌要求
	培养基上表面距瓶（袋）口距离（50 ± 5）mm	顶端距棉塞 40~50 mm
	接种量	≥12 mm × 12 mm
	菌丝生长量	长满容器
	菌丝体特征	洁白浓密、生长健旺
	菌丝体表面	生长均匀、无角变，无高温圈
	培养基及菌丝体	紧贴瓶（袋）壁，无明显干缩
	培养物表面分泌物	无
	杂菌菌落	无
	虫（螨虫）体	无
	拮抗现象	无
	菌皮	无
出现子实体原基瓶（袋）数		≤3%
气味		具特有的香味，无异味

4.2.3　微生物学要求

原种微生物学要求应符合 4.1.2 表 3 规定。

4.2.4 菌丝生长速度

在培养室室温（23 ± 1）℃下，在谷粒培养基上（20 ± 2）天长满容器，在棉籽壳麦麸培养基和棉籽壳玉米粉培养基上 30~35 天长满容器，在木屑培养基上 35~40 天长满容器。

4.3　栽培种

4.3.1　容器规格

符合 NY/ T 528 规定。

4.3.2 感官要求

栽培种感官要求应符合表6规定。

表6 杏鲍菇和白灵菇栽培种感官要求

	项目	要求
	容器	洁净、完整、无损
	棉塞或无棉塑料盖	干燥、清洁、松紧适度；能满足透气和滤菌要求
	培养基上表面距瓶（袋）口距离（50±5）mm	顶端距棉塞40~50 mm
	接种量	≥12 mm×12 mm
菌种外观	菌丝生长量	长满容器
	菌丝体特征	洁白浓密、生长旺健，饱满
	菌丝体表面	生长均匀、色泽一致、无角变，无高温圈
	培养基及菌丝体	紧贴瓶（袋）壁，无明显干缩
	培养物表面分泌物	无
	杂菌菌落	无
	虫（螨虫）体	无
	拮抗现象	无
	菌皮	无
出现子实体原基瓶（袋）数		≤5%
气味		具特有的香味，无异味

4.3.3 微生物学要求

栽培种微生物学要求应符合4.1.2表3规定。

4.3.4 菌丝生长速度

在培养室室温（23±1）℃下，在谷粒培养基上菌丝长满瓶应（20±2）天，长满袋应（25±2）天；在其他培养基上长满瓶应25~35天，长满袋应30~35天。

5　抽样

5.1　母种按品种、培养条件、接种时间分批编号，原种、栽培种按菌种来源、制种方法和接种时间分批编号。按批随机抽取被检样品。

5.2　母种、原种、栽培种的抽样量分别为该批菌种量的10%、5%、1%。但每批抽样数量不得少于10支(瓶、袋)；超过100支(瓶、袋)的，可进行两级抽样。

6　试验方法

6.1　感官检验

感官要求检验方法按表7逐项进行。

表7　感官要求检验方法

检验项目	检验方法	检验项目	检验方法
容器	肉眼观察	培养基上表面距瓶(袋)口的距离	肉眼观察和测量
接种量	肉眼观察、测量	外观各项[杂菌菌落、虫(螨)体，实体原基除外]	肉眼观察和测量
棉塞、无棉塑料盖	肉眼观察	斜面长度	肉眼观察和测量
气味	鼻嗅	杂菌菌落，虫(螨)体	肉眼观察，必要时用5×放大镜观察
斜面背面外观	肉眼观察	子实体原基	随机抽取样本100瓶(袋)，肉眼观察有无原基，计算百分率

6.2　微生物学检验

6.2.1　4.1.3表4中菌丝生长状态和锁状联合用放大倍数不低于10×40的光学显微镜对培养物的水封片进行观察，每一检样应观察不少于50个视野。

6.2.2　细菌检验

将检验样本，按无菌操作接种于GB 4789.28中4.7规定的营养琼脂培养基中，28 ℃下培养 1~2 天，观察斜面表面是否有细菌菌落长出，有细菌菌落长出者，为有细菌污染，必要时用显微镜检查；无细菌菌落长出者为无细菌污染。

6.2.3　霉菌检验

将检验样本，按无菌操作接种于 PDA 培养基（见附录 A.1）中，25~28 ℃培养 3~4 天，出现非杏鲍菇和白灵菇菌丝形态菌落的，或有异味者为霉菌污染物，必要时进行水封片镜检。

6.3　菌丝生长速度

6.3.1　母种

PDA 培养基，90mm 直径的培养皿，倾倒培养基 25~30 mL/皿，菌龄 7~10 天的菌种为接种物，用灭菌过的 5mm 直径的打孔器在菌落周围相同菌龄处打取接种物，接种后立即置于（25 ± 1）℃黑暗培养，计算长满所需天数。

6.3.2　原种和栽培种

附录 B.1、附录 B.2、附录 B.3、附录 B.4 规定的配方任选其一，接种后立即在（25 ± 1）℃黑暗培养，计算长满所需天数。

6.4　母种栽培性状

将被检母种制成原种。采用附录 C 规定的培养基配方，制做菌袋 45 个。接种后分 3 组（每组 15 袋），按试验设计要求排列，进行常规管理，根据表 8 所列项目，做好栽培记录，统计检验结果。同时将该母种的出发菌株设为对照，做同样处理。对比两者的检验结果，以时间计的检验项目中，被检母种任何一项的时间，白灵菇较对照菌株推迟 15 天以上（含 15 天）者、杏鲍菇较对照菌株推迟 10 天（含 10 天）者，为不合格；产量显著低于对照菌株者，为不合格；菇体外观形态与对照明显不同或畸形者，为不合格。

表 8 母种栽培性状检验记录（平均值）

检验项目	检验结果	检验项目	检验结果
长满菌袋所需时间（d）		出第一潮菇所需时间（d）	
总产（kg）		第一潮菇产量（kg）	
平均单产（kg）		第一潮菇生物学效率（%）	
生物学效率（%）		色泽、质地	
菇形		菇盖直径、菌柄长短（cm）	

6.5 留样

各级菌种都要留样备查，留样的数量应每个批号菌种 3~5 支（瓶、袋），于 4 ~6 ℃下贮存。杏鲍菇母种 4.5 个月，原种 3.5 个月，栽培种 2 个月；白灵菇母种 6 个月，原种 5 个月，栽培种 4 个月。

7 检验规则

判定规则按要求进行。检验项目全部符合要求时，为合格菌种，其中任何一项不符合要求，均为不合格菌种。

8 标签、标志、包装、运输、贮存

8.1 标签、标志

8.1.1 产品标签

每支（瓶、袋）菌种必须贴有清晰注明以下要素的标签：

• 产品名称（如杏鲍菇母种）。

• 品种名称（如杏鲍菇 3 号）。

• 生产单位（如某某菌种厂）。

• 接种日期。

• 执行标准。

8.1.2 包装标签

每箱菌种必须贴有清晰注明以下要素的包装标签：

• 产品名称、品种名称。

• 厂名、厂址、联系电话。

• 出厂日期。

• 保质期、贮存条件。

• 数量。

• 执行标准。

8.1.3 包装储运图示

按 GB 191 规定，应注明以下图示标志：

• 小心轻放标志。

• 防水防潮防冻标志。

• 防晒防高温标志。

• 防止倒置标志。

• 防止重压标志。

8.2 包装

8.2.1 母种外包装采用木盒或有足够强度的纸箱，内部用棉花、碎纸或报纸等具有缓冲作用的轻质材料填满。

8.2.2 原种、栽培种外包装采用有足够强度的纸箱，菌种之间用碎纸或报纸等具有缓冲作用的轻质材料填满。纸箱上部和底部用 8 cm 宽的胶带封口，并用打包带捆扎两道，箱内附产品合格证书和使用说明（包括菌种种性、培养基配方及适用范围等）。

8.3 运输

8.3.1 不得与有毒物品混装，不得挤压。

8.3.2 气温达 30 ℃以上时，须用低于 20 ℃的冷藏车运输。

8.3.3 运输过程中应有防震、防晒、防尘、防雨淋、防冻、防杂菌污染的措施。

8.4 贮存

8.4.1 菌种生产单位使用的各级菌种，应按计划生产，尽量减少贮藏时间。

8.4.2 母种供种单位的母种应在 4~6 ℃冰箱中贮存，贮存期不超过 90 天。

8.4.3 原种应尽快使用，在温度不超过 25 ℃，清洁、干燥通风

（空气相对湿度 50%~70%），避光的室内存放，谷粒种不超过 7 天，其余培养基的原种不超过 14 天。在 4~6 ℃下贮存，贮存期不超过 45 天。

8.4.4 栽培种应尽快使用，在温度不超过 25 ℃、清洁、通风、干燥（相对湿度 50%~70%）避光的室内存放，谷粒种不超过 10 天，其余培养基的栽培种不超过 20 天。在 4~6 ℃下贮存时，贮存期不超过 45 天。

附录 A （规范性附录）

母种培养基及其配方

A.1 PDPYA 培养基

马铃薯 300g，葡萄糖 20g，蛋白胨 2g，酵母粉 2g，琼脂 20g，水 1000mL，pH 值自然。

A.2 PDA 培养墓

马铃薯 200g，葡萄糖 20g，琼脂 20g，水 1000mL，pH 值自然。

附录 B （规范性附录）

原种和栽培种培养基及其配方

B.1 谷粒培养基

小麦、谷子、玉米或高粱 98 %，石膏 2%，含水量 50% ± 1%。

B.2 棉籽壳麦麸培养基

棉籽壳 84%，麦麸 15%，石膏 1%，含水量 60% ± 2%。

B.3 棉籽壳玉米粉培养基

棉籽壳 93%，玉米粉 5%，石膏 2%，含水量 60% ± 2%。

B.4 木屑培养基

阔叶树木屑 79%，麦麸 20%，石膏 1%，含水量 60% ± 2%。

附录 C （规范性附录）

栽培性状检验用培养基

C.1 棉籽壳 80%，麦麸 15%，玉米粉 5%，石膏 2%，含水量 60% ± 2%。

C.2 棉籽壳 55%，阔叶木屑 25%，麦麸 15%，玉米粉 3%，石膏 2%，含水量 60% ± 2%。

附录 5 NY/T 3418—2019 杏鲍菇等级规格

1 范围

本标准规定了杏鲍菇的术语和定义、要求、检验方法、包装、标识和储运。

本标准适用于杏鲍菇鲜品的等级规格划分。

2 规范性引用文件

下列文件对于本文件的应用是必不可少的，凡是注日期的引用文件，仅注日期的版本适用于本文件。凡是不注日期的引用文件，其最新版本（包括所有的修改单）适用于本文件。

GB/T 191 包装储运图示标志

GB 4806.7 食品安全国家标准 食品接触用塑料材料及制品

GB/T 5737 食品塑料周转箱

GB/T 6543 运输包装用单瓦楞纸箱和双瓦楞纸箱

NY/T 1655 蔬菜包装标识通用准则

国家质量监督检验检疫总局令 2005 年第 75 号定量包装商品计量监督管理办法

3 术语和定义

下列术语和定义适用于本文件。

3.1 杏鲍菇

杏鲍菇又名刺芹侧耳，属担子菌亚门层菌纲伞菌目侧耳科侧耳属，子实体肉质。菌盖中央稍凹，近圆形、漏斗形，表面淡黄色、淡红褐色、灰褐色，有丝状光泽，平滑，有近放射状或波浪状细条纹；菌褶延生、乳白色，边缘及两侧平滑；菌柄侧生、偏生至中生，表面光滑，白色或近白色，圆柱形、近似圆柱形、棒槌形，中实。

3.2 残缺菇

菌柄、菌盖不完整的菇体。

3.3 畸形菇

因受物理、化学、生物等不良因素影响形成的变形杏鲍菇。

注：改写 GB/T 12728-2006，定义 2.7.15。

3.4 附着物

附着在杏鲍菇产品中的培养料残渣等。

4 要求

4.1 基本要求

杏鲍菇应符合下列基本要求：

- 具有杏鲍菇特有的外观、形状、色泽、无异种菇。
- 外观新鲜，发育良好，具有该品种应有特征。
- 无异味、霉变、腐烂。
- 无坏死组织，菇盖、菇柄中部无严重机械伤。
- 无病虫害造成的损失。
- 清洁、无肉眼可见的其他杂质、异物。

4.2 等级

4.2.1 等级划分

在符合基本要求的前提下，杏鲍菇分为特级、一级和二级，各等级应符合表 9 的要求。

表 9　杏鲍菇等级要求

项目	要求		
	特级	一级	二级
色泽	菌柄白色、近白色；菌盖浅灰或淡褐色，表面有丝状光泽；菌肉白色；菌褶肉白色至浅褐色		
光滑度	菌盖、菌柄光滑	菌盖、菌柄较光滑	菌盖、菌柄较光滑
气味	杏鲍菇特有的轻微杏仁香味，无异味		
异物	霉烂菇、虫体、毛发、金属物、沙石等肉眼可见异物不允许混入		
残缺菇，%（质量比）	≤0.5	≤1.0	≤ 2.0
畸形菇，%（质量比）	0	≤1.0	≤ 2.0
附着物，%（质量比）	≤0.3	≤ 0.5	≤1.0

4.2.2　等级容许度

按质量计：

• 特级允许有 5%不符合该等级的要求，但应符合一级的要求。

• 一级允许有 8%不符合该等级的要求，但应符合二级的要求。

• 二级允许有 12%不符合该等级的要求，但应符合基本要求。

4.3　规格

4.3.1　规格划分

以菌柄直径、菌柄长度为指标，杏鲍菇划分为小（S）、中（M）、大（L）3 种规格，规格划分应符合表 10 的要求。

表 10　杏鲍菇规格

项目	要求		
	大（L）	中（M）	小（S）
菌柄直径（cm）	>5.0	4.0~5.0	<4.0
菌柄长度（cm）	>17	14.0~7.0	<14.0

（待续）

续表

项目	要求		
	大(L)	中(M)	小(S)
整齐度要求	同批包装,菌柄直径差异 ±1.0 cm,菌柄长度差异 ±1.0 cm	同批包装,菌柄直径差异 ±0.5 cm,菌柄长度差异 ±1.0 cm	同批包装,菌柄直径差异 ±0.5 cm,菌柄长度差异 ±0.5 cm
注:大(L)、中(M)规格的划分满足菌柄直径或菌柄长度 2 个条件之一即为满足相应规格要求,小(S)规格的划分满足菌柄直径和菌柄长度 2 个条件。			

4.3.2 规格容许度

各规格的容许度按质量计

- 大(L)允许有 5%的产品不符合该规格要求。
- 中(M)允许有 8%的产品不符合该规格要求。
- 小(S)允许有12%的产品不符合该规格要求。

5 检验方法

5.1 色泽、光滑度、形状、气味、异物

用肉眼观察、鼻嗅等方法测试。

5.2 残缺菇、畸形菇、附着物

随机抽取 10 个杏鲍菇进行测定,分别拣出残缺菇、畸形菇、附着物,用感量为 0.1 g 天平称其质量,并按以下公式分别计算其占样品的百分率,精确到小数点后 1 位。

$$X = \frac{m_1}{m} \times 100\%$$

式中:X——残缺菇、畸形菇、附着物的质量分数,单位为克每百克(g/100 g)。

m_1——样品中残缺菇、畸形菇、附着物的质量,单位为克(g)。

m——样品的质量,单位为克(g)。

5.3 菌柄直径、菌柄长度

随机抽取 10 朵杏鲍菇进行测定,用精度为 1 mm 的量具,量取菌柄的最大和最小直径,计算出杏鲍菇菌柄直径的平均值。

6 包装

6.1 基本要求

同一包装内的杏鲍菇产品应具有一致的等级、规格、品种和来源，不允许混级包装。包装内的产品可视部分应具有整个包装产品的代表性。包装不应对杏鲍菇造成损伤，包装内不应有异物。

6.2 包装方式

杏鲍菇用带气孔的聚乙烯、聚丙烯塑料袋、塑料膜或自黏保鲜膜作为内包装，同时用内衬塑料薄膜袋的纸箱、塑料周转筐或聚苯乙烯包装箱作为外包装。外包装应牢固、干燥、清洁、无异味、无毒。便于装卸、仓储和运输。包装箱内杏鲍菇应水平紧密摆放，但不应挤压。

6.3 包装材料

包装材料应清洁、干燥、牢固、无污染、无毒、无异味，内壁无尖突物，无虫蛀、腐烂、霉变等。纸箱应符合 GB/T 6543 的规定，塑料周转筐应符合 GB/T 5737 的规定，聚苯乙烯包装箱应符合 GB/T 4806.7 的规定，内包装用的聚乙烯、聚丙烯塑料袋、塑料膜或自黏保鲜膜应符合 GB/T 4806.7 的规定。

6.4 净含量及允许误差

单位包装单位净含量及允许误差应符合国家质量监督检验检疫总局令 2005 年第 75 号的要求。

6.5 限度范围

每批受检样品质量不符合等级，大小不符合规格要求的允许误差，按所检单位的平均值计算，其值不应超过规定的限度，且任何所检单位的允许误差值不应超过规定值的 2 倍。

7 标识

7.1 包装标识

应符合 GB/T 191 和 NY/Y 1655 的规定，产品包装应标明产品名称、等级、规格、产品采用标准、净含量、采收和包装日期、生产单位及详细地址、联系电话等。标注内容要求字迹清晰、规范、完整、准确。

7.2 等级标识

采用“特级”“一级”和“二级”表示。

7.3 规格标识

采用“小(S)”、“中(M)”和“大(L)”表示,同时标注形影规格指标值的范围。

8 储运

8.1 储存

鲜杏鲍菇应储存在 2 ~4 ℃条件下,杏鲍菇不应裸露储存,应包装严格密封置于避光、通风良好、阴凉干燥、防虫、防鼠处储存。不应与有毒、有害、有异味的物品混存。

8.2 运输

运输工具应清洁、卫生、无污染、无杂物。一般即时销售及短途运输的鲜销杏鲍菇,可采用常温方式进行储运;对于长距离运输的鲜食杏鲍菇,宜采用 2~4 ℃温度可调的冷链方式进行运输。

参考文献

1 杨新美. 食用菌研究法[M]. 北京:中国农业出版社,1998:25-103.

2 卯晓岚. 中国大型真菌[M]. 郑州:河南科学技术出版社, 2000:64.

3 陈士瑜,陈惠. 菇菌栽培手册[M]. 北京:科学技术文献出版社,2003:407-414.

4 陈士瑜. 珍稀菇菌栽培与加工[M]. 北京:金盾出版社,2003:1-26.

5 方芳,宋金娣,姜小龙. 食用菌生产大全[M]. 南京:江苏科学技术出版社,2003:24-55,296-299.

6 王世东. 食用菌[M]. 北京:中国农业大学出版社,2005:245-253.

7 陈福清等. 教你栽培杏鲍菇 [M]. 武汉:湖北科学技术出版社,2006:1-154.

8 曾立文,吕凯,郭书谱. 杏鲍菇高效益生产[M]. 北京:中国林业出版社,2008:5-83.

9 黄毅等. 食用菌栽培(第三册)[M]. 北京:高等教育出版社,2008:37-98,194-197,313-334.

10 黄年来,林志彬,陈国良等. 中国食药用菌学[M]. 上海:上海科学技术文献出版社,2010:190-219,313-340,358-369,389-392,405-512,1208-1228.

11 吴秀华. 食用菌菌种规范化生产技术问答[M]. 北京:金盾出版社, 2010:11-199.

12 张胜友. 中国液体菌种生产新技术[M]. 武汉:华中科技大学出版社, 2010:1-36,91-95.

13 李昊. 优质杏鲍菇高产栽培新技术 [M]. 北京:金盾出版社,

2016:1-106,129-185.

14 张昌爱. 姬松茸、茶薪菇、白灵菇、杏鲍菇、竹荪生产技术问答[M]. 北京:化学工业出版社,2016:73-96.

15 图力古尔. 蕈菌分类学[M].1 版. 北京:科学出版社,2018:184.

16 郭美英. 不同类型杏鲍菇菌株的生产性能研究[J]. 食用菌,2001,23(12):231-232.

17 王淑芳等. 袋栽杏鲍菇覆土方法对比试验[J]. 中国食用菌.2001,20(5):19.

18 颜明娟,江枝和,蔡顺香. 杏鲍菇营养成分的分析[J]. 食用菌,2002,(4):11-12.

19 俞苓,刘民胜,陈有容. 杏鲍菇子实体和菌丝体营养成分的比较[J]. 食用菌,2003(2):7-8.

20 张翠霞等. 北方地区日光温室栽培杏鲍菇技术[J]. 食用菌.2004(3):27.

21 姚自奇,兰进. 杏鲍菇研究进展. 食用菌学报[J]. 2004.11(1):52-58.

22 杨立红,史亚丽,王晓洁等. 杏鲍菇多糖的分离纯化及生物活性的研究[J]. 食品科技,2005,(6):18-21.

23 李超等. 北方杏鲍菇袋式标准化栽培技术[J]. 广东农业科学.2007(6):84-85.

24 杨娟等. 杏鲍菇栽培管理重要环境因子及其控制策略分析[J]. 安徽农学通报 2008,14(23):110-112.

25 关跃辉等. 杏鲍菇栽培工艺的研究[J]. 中国食用菌 2008, 27(2):25-26,36.

26 马瑞霞. 不同出菇方式对杏鲍菇子实体性状和产量的影响[J]. 江苏农业科学,2009(4):230-231.

27 刘鹏,邢增涛,赵明文. 杏鲍菇研究进展[J]. 食用菌, 2011(6):6-8.

28 李俊. 食用菌液体菌种生产技术操作规程[J]. 陕西农业科学，2012(3):272-273.

29 郑雪平,冀宏,尹永刚等. 中国杏鲍菇工厂化生产实践及问题分析与展望[J]. 食用菌,2014(1):7-11.

30 唐利华,高君辉,茅文俊等. 杏鲍菇工厂化栽培的液体菌种培养条件的优化[J]. 上海农业学报,2015,31(1):27-29.

31 金小花，陈易飞等. 杏鲍菇工厂化袋式高效栽培集成技术规程[J].2015,11：47-48.

32 刘阳,赵瑞华.6 种杏鲍菇工厂化栽培培养基的筛选[J]. 榆林学院学报.2016(26)6:35-38.

33 高波岭等. 我国食用菌新害虫——泰纳异蚤蝇(Megaselia tamilnaduensis Disney)[J]. 安徽农业科学,2016,44(27):33-35.

34 宋驰,姚璐晔,徐兵等. 食用菌液体菌种生产技术标准现状与对策[J]. 中国食用菌,2017,36(3):16-20;25.

35 李春艳,贾金川等. 杏鲍菇规模化安全生产关键技术研究[J]. 上海蔬菜,2017(5):73-75.

36 周峰,李正鹏等. 工厂化瓶栽杏鲍菇培养及出菇技术浅析[J]. 安徽农学通报,2017,23(12):50-52.

37 刘中豪,刘佳,卢刚. 杏鲍菇工厂化高效栽培技术[J]. 农业科技与信息,2018,7:56-59.

38 王涛,谭琦等. 杏鲍菇液体菌种应用工艺参数的优化[J]. 上海农业学报[J].2019,35(1):33-37.

39 张超逸等. 沈阳彰驿地区低温平菇主要害虫种类及其发生规律[J]. 山东农业大学学报(自然科学版),2019,50(2):304-307.

40 张瑞华,王承香等. 工厂化生产杏鲍菇出菇期主要病害及防治措施[J]. 中国食用菌 2020,39(3):72-75.

41 朱富春. 蚤蝇特征、生活习性及其综合防治对策[J]. 食用菌，2021,43(2):58-59.

冷却室

拌料机

高压蒸汽灭菌锅

高压灭菌柜

固体菌种接种

出菇床架

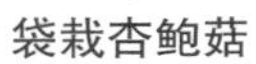

袋栽杏鲍菇

栽培袋发菌

瓶栽杏鲍菇